ヤマケイ文庫

牧野富太郎と、山

Makino Tomitaro
牧野富太郎

Yamakei Library

登山の心得として私の経験は軽装に限る。頸（くび）に雫が入るから鳥打帽はまずい。莚蓑（むしろみの）は絶頂に登っても途中で休むにも腰掛に敷かれるから好都合、雨にも結構、丈夫な洋傘もよい。弁当は缶詰物よりも握り飯に梅干がよく、味噌汁は山ではしごくよい。

（「山草の採集」より）

はじめに

日本の植物学の父とされる牧野富太郎氏は、ほぼ独学で植物の知識を身につけ、生涯にわたって研究と植物知識の普及に力を尽くしました。新種や新品種など命名した植物は１５００種以上にのぼります。

そんな氏が幼い頃によく遊び、植物に親しむきっかけにもなったのが、故郷・佐川にある山でした。研究の道を歩みはじめてからも、植物の調査と採集のために、日本各地の山々を訪れています。

本書は、のこされた数々のエッセイの中から、山と植物にまつわる作品を選んで収録したものです。本文に出てくる山の所在地を基準にして、北海道から本州、四国、九州の順にエッセイを並べました（複数の山が出てくる場合には順序が前後することがあります）。主要な山については、エッセイの最後に山のデータを掲載しました。実際に山を訪ねるときの参考にしていただけますと幸いです。

編集部

もくじ

▲近畿から中四国、九州

なぜ花は匂うか？

花は黙っています。それだのに花はなぜあんなに綺麗なのでしょう？　なぜあんなに快く匂っているのでしょう？　思い疲れた夕(ゆうべ)など、窓辺に薫る一輪の百合の花を、じっと抱きしめてやりたいような思いにかられても、百合の花は黙っています。そしてちっとも変わらぬ清楚な姿でただじっと匂っているのです。

牡丹の花はあんなに大きいのに、桜の花はどうしてあんなに小さいのでしょう？　チューリップの花にはどうして赤や白や黄やいろいろと違った色があるのでしょう？　松や杉にはなぜ色のある花が咲かないのでしょう。

貴女方(あなた)はただ何の気なしに見過ごしていらっしゃるでしょうが、植物たちは、歩くことこそできませんがみな生きているのです。合歓木(ねむのき)は夜になると葉を畳んで眠ります。ひつじぐさの花は夜閉じて昼に咲きます。豆の蔓(つる)は長い手を延ばして附近のものに捲(ま)きつきます。一枚の葉も無駄にくっついてはいないのです。八ツ手の広い大きい葉は葉脈にそって上から下へと順々に、なるべく根の方に雨水を流していきます。チューリップのような巻いた長い葉は幹にそって水が流れ下りるように漏斗(じょうご)の仕事をつとめます。陽が当たると葉は、充分に身体をのばして、一杯に太陽の光を吸いこんで植物の生きていくのに必要な精分である炭酸ガスを空気の中から吸収します。根から水分と窒素とがあつめられます。そうして植物は元気よく生きていくのです。

人間が大人になると結婚をして子孫をのこしていくように、植物も時が来ると繁殖の準備を始めます。長い冬が終わって野や山が春めき立つ頃、一面の大地を埋めつくす美しい花々は、植物の御婚礼の晴衣裳ともいえましょうか。貴女方も知っていらっしゃるように、花の中には雄蕊(ゆうずい)と雌蕊(しずい)とがあって、雄蕊にある花粉が、自分の花または他の花の雌蕊に運ばれることによって受精し、種子ができるのです。

美しい花をつけている植物ではこの花粉の運搬を昆虫に頼んでいます。美しく咲きそろった大きな花を見、快い香りを訪ねて、昆虫たちはいそいそと御客様になって飛んできます。花の御殿の奥座敷にはおいしい蜜がたくさん用意してあって、この大切な御客をもてなします。昆虫は他の花からの花粉を御土産に置いて、また帰りには雄蕊からの花粉を身体中に浴びて別の花へと飛んでいきます。

花にもいろいろ種類があるように昆虫にもたくさん種類があります。同じ昆虫でもそれぞれ好き好きがあって花によって来る昆虫の種類が違います。蜂は青い花が好きだし蝶や虻(あぶ)は明るい花に飛んできます。それで花の御殿の方でもお馴染の御客様に都合がいいように、外の飾りや匂いはもちろん、御殿の中の構造もうまく作られています。大きい昆虫の来るチューリップや薔薇の花は大きいし、小さな昆虫の来る桜や梅の花は小さいのです。そして小さな花の咲く植物は花がたくさんかたまって遠くからでも見えるようになっています。

つつじの花を見てごらんなさい、花が横を向いているでしょう。そうなっているのは虫が入りやすいためです。上側の花弁の中央に胡麻をまいたような印のあるのは「この下に蜜あり」という立札で、昆虫はこの札をめがけて飛んできます。その時雄蕊の葯(やく)が昆虫の身体にこすりついて葯の孔(あな)の中から糸を引いたように花粉がこぼれ出ます。

このように植物の生活の中で一番複雑で、巧妙で、そして面白いのは、繁殖のための時期であります。菊の花などは、貴女方はあの大きく咲きこぼれた大輪があれで一つの花だとお考えでしょうが、あのそりかえった一片一片がそれぞれ一つずつの花なのです。めいめいに雄蕊雌蕊を持ったたくさんの花が一本の茎の上に共同の生活を営んでいるのです。一匹の昆虫が飛んでくると、たくさんの花が一時に花粉のやり取りをすることができるので、ほとんど無駄なく多くの花が受精し結実するのです。こんな風に種子を作る設計が巧みにできている花を高等植物といい、日本の皇室の御紋章である菊の花や満洲国の国花である蘭（菊科中のフジバカマで、世人が思っているような蘭科植物のランではありません）は花の中での王者といわれるものです。

松や杉にも花は咲くのです。ただ松や杉の花粉は昆虫の助けをかりないで風に流れて他の花へ到達します。それゆえ他の花のように綺麗な色や匂いで花の存在を広告する必要がないのです。それで花は咲いても貴女方の目にはほとんどふれないのです。

次に同じ一つの花に雄蕊と雌蕊とがありながら、なぜ別の花からの花粉を貰わなければならないのでしょうか。花の世界にも道徳があります。雄蕊と雌蕊との間にはちゃんと成熟の時期に遅速があって、人間の世界におけるがごとく近親結婚がほとんど不可能なようになっています。なでしこなどはそのよい例です。

その他植物の世界は研究すればするほど面白いことだらけです。もしこの世界に植物がなかったら、山も野原も坊主になりどんなにか淋しいでしょうし、その上、米、麦、野菜、果物、海藻の食料品、着物の原料、紙の原料、建築材料、医薬原料すべて植物のお蔭でないものは一つもありません。貴女方も花を眺めるだけ、匂いをかぐだけに止（とど）まらず、好晴の日郊外に出ていろいろな植物を採集し、美しい花の中にかくされた複雑な神秘の姿を研究していただきたいと思います。そこには幾多の歓喜と、珍しい発見とがあって、貴女方の若い日の生活に数々の美しい夢を贈物とすることでありましょう。

▲北海道から東北

〔利尻山〕

利尻山とその植物

余が北見の国利尻島の利尻山に登ったのは、三十六年の八月である。農学士川上瀧彌君が、数年前に数十日の間この山に立籠って、採集せられた結果を『植物学雑誌』に発表せられたのを、読んでから、折があったら自分も一度はこの山に採集に出かけたいと思っていたが、何分にも好機会がないので、思いながら久しく目的を達することが出来なかった。しかるに山岳会の会員中で高山植物の採集と培養に熱心な加藤泰秋子爵が、この山の採集を思い立たるるとの話を聞いたので、もし同行が出来れば自分は大変に利益を得られるであろうと信じた所が、子爵もその当時は高山植物に充分の経験を持っておられなかった点もあるので、誰か同行をしてくれる人があればと捜しておられる所であったので、自分の希望はただちに子爵の厚意によって満足せしめられることが出来たのである。しかしその約束の条件として、自分はこの採集の紀行を書くことを引受けたことを第一に白状せねばならぬ。ところが俗にいう、鹿を逐う猟師は山を見ずで、植物の採集に夢中になっていると、山の形やら、途中の有様やら、どうも後から考えて見れば、筆を採って紀行文を作るということが、甚だ困難である。そこでいずれその内にと思いながら次第に年月は経過するし、ますます記憶がぼんやりするし、今日となっては紀行を書くということは、絶対に出来悪いこととなってしまった。ところがこの事に当初から関係しておられる諸君は、しきりにこのことを余に責められるので、今更何とも致方がない。それで幸いに山岳会の雑誌に大略のことを載せてもろうて、自分の責を塞ぎ、かつは加藤子爵及びその他の諸君にもこの顚末を告げて謝したいと思う。

加藤子爵は北海道に開墾地を持っておられるので、その方に先きに出発せられて、余が東京を出発したのは七月二十六日であった。もちろん東京からは同行者もないので、青森に着いて、一、二の人を訪問して、二十八日に同所を出発して、二十九日に室蘭に上陸した。この間は別に話すべきこともないが、同日の午後四時に紋別を過ぎて虻田の村に到着した。その翌三十日には、加藤子爵の開墾地で同じ虻田村の中の幌萠という所に着いて、加藤子爵に会合することが出来た。その日その翌日などは、その附近の植物を採集して、種々の獲物があったが、これも今度の話の主でないから、ズット略することにしよう。

八月三日に加藤子爵の一行と札幌に到着して、山形屋に宿を取った。ところがどういう加減であったか、自分が病気を発したので、一時は折角の思い立ちも、ここまで来て断念しなければならぬかと心配をしたけれども、思ったほどでもなく、翌日はほとんど全快をしてしまった。それから三日ほど過ぎて、六日の日であるが、札幌農学校の宮部博士と、加藤子爵とそれから子爵の随行の吉川眞水という人と、幌向の泥炭地に採収を試みた。この日は山草家の木下友三郎君も同行せられることになった。ちょっと話が前に立戻るが木下君は、東京にある時から、この度の利尻登山に同行せられるかもしれないという予約があって、同君も他の用を兼ねて北海道に来らるる都合であったから、一同が途中で待合せつつ幾干か日数を費すような訳になったのである。

翌七日にはいよいよ利尻島に向かって進行するために札幌を出発して、加藤子爵主従に木下法学士と余と都合四人外に井口正道という人が小樽に着して、色内町の越中屋に一まず足を休めたが、井口氏は病気を発したので、到頭小樽に残ることになった。余ら四人は即日小樽を出発して日高丸に乗込んだ。元来利尻に行くのには、小樽から北見の稚内への定期航海船に便乗するので、一週間に一回ということであるからして、その船が帰りに利尻に寄港する時、またそれに乗込んで帰るのが普通の順序であるそうだ。海上は至って穏やかであった。午後六時頃「増毛」という所に着して、十時頃また同所を出発して、翌八日の午前六時頃、焼尻島に碇を下した、というほどもなく、ただちに同所を出発してまた七時に天売に一時進行を止めて、また北に向って出発した。午前十一時頃であったろうと思う。利尻島の内で、鬼脇という港に着いた。この港は利尻の内で第一の都会といっても宜しいのである。それから午後一時二十分というに、いよいよ一行が上陸すべき鴛泊の港に投錨した。ただちに上陸して熊谷という旅店に一行は陣取ることになった。

　この日は朝からして雲が多く、思うように山の形を見ることも出来なかったのでもあるし、幸いにして海上の波は穏やかであったけれども、格別面白いこともなくして十時頃になったのであるが、幸いにも次第に晴天となったので、鬼脇に着する前からして、遥かに利尻山の尖りたる峰を眺むることが出来た。早上陸する前から一同は山ばかりを見て、あの辺がどうであろうとか、そうではあるまいとかの評定ばかりで、随分傍から見たら可笑い位であったろうと思う。一行の泊まった熊谷という宿屋は、この土地ではかなりの旅店で、ことに最初思ったよりは、この島が開けているので、格別不自由を感ずるほどのこともなかった。

この日は何のなすこともなく、日を暮らすのも勿体ないという相談から、一同打連れて近傍の植物採集に出かけたのが、ほとんど四時頃であったろうと思う。大泊村の海岸へ行いた。鴛泊から西の方にあって、おおよそ五、六丁位の所である。人家は格別沢山もないが、所々に漁業をなすものの家が幾軒ずつか散在している位である。その海岸に小さな岡があるので、その岡の上に登って見渡したところが、一帯に島の中央に向かって高原的の地勢をなしている。海岸の所はあるいは岩壁もあるし、あるいは浜となっているところもある。また海岸は雑木の生えているところもあれば、草原となっているところもあるが、とにかく森林をなしているほどのところは海岸から少し隔たっている。その森林の樹木は、エゾマツとトドマツといっても宜しいのである。今申した海岸の小さな岡の辺で採集した植物はまずこんなものである。ヨモギ、アキノキリンソウ、カワラナデシコ、シロワレモコウ、ハギ、ウシノケグサ、オタカラコウ、アキカラマツ、キタミアザミ、マイヅルソウ、ツルウメモドキ、ツタウルシ、ハナウド、ススキ、スゲ、サマニヨモギ、エゾノヨモギギク、ヤマハハコ、ハマシャシン（ツリガネニンジンの一品）、カワラマツバ、オオヤマフスマ、イワガリヤス、ナワシロイチゴ、コウゾリナ、クサフジ、などである。その内で、エゾノヨモギギクは日本での珍品といって宜しい植物である。それからこの岡の下で、チシマフウロを採集した。岡の北面の絶壁を海の方に向いて、下った所、岩壁の腰のあたりには、ポレヤナギが沢山に自生しているのを見た。それから、エゾイヌナズナは、丁度イワレンゲのように沢山生えておった。エゾノヒナノウスツボ、エゾハマハタザオ、ウシノケグサ、エゾオオバコ、ツメクサ、ノコギリソウ、イワレンゲなども、この辺に沢山あるし、中にも眼に付いたのは、シロヨモギの色がほとんど霜のように白かったのである。こんな草の生えているその下は、すぐに波に打たれているのである。岩の上部には、オタカラコウ、ツタウルシ、シロワレモコウ、エゾオトギリなどが多く生えていて、ガンコウランもこの辺に生じているのを見た。

まずこの日はこの位の採集で一同宿に帰って、晩食後は自分はこの採集品の整理に忙しかったので、他の諸君のことはよく覚えていないが、多分利尻山登山の準備について心配せられたであろうと思う。しかしこの島の人に尋ねても、利尻山は信心にて詣る人が日帰りに登るだけのことで、道ももとより悪いし、山上に泊るべき小屋などのある訳もないとのことで、何分にも宿屋では山の上の詳しい模様は知ることが出来なかった。

九日はなお前日に続いて登山の用意をすることになった。一体はこの日早朝から山に向かって踏み出すべきはずであったが、天気模様が悪いので、今一日滞在して充分に用意をしたら宜（よ）かろうということで、結局雨のために一日滞在することになった。午後になって雨はようやく止（や）んで五時頃から晴天となったので、まだ暮れるには間があるからといって、一同は燈台のある岡の近辺に採集を試みた。この岡は昨日採集した方面とは全く反対であるが、自生している植物の種類は、センダイハギ、ハチジョウナ、イヌゴマ、ハマニンニク、エゾノヒナノウスツボ、ハマエンドウ、アキカラマツ、ノゲシ、ハマハコベ、イチゴツナギ、ホソバノハマアカザ、ナミキソウ、オオバコ、オトギリソウ、ヤマハハコ、アキタブキ、ハマベンケイ、カセンソウ、イヌタデ、イブキジャコウソウ、エゾオオバコ、オチツボスミレ、シオツメクサ、エゾイヌナズナなどであったが、その外にノボロギクがこの辺にも輸入されているのを見た。

十日、いよいよ利尻山に登山するために、鴛泊の宿を払暁(ふつぎょう)に出発した。同行は例の四人の外に人足がたしか七人か八人かであろう。つまり一人について人足二人位の割合であったように思うている。とにかく弁当やら、草の入れ物やら、あるいは余が使用する押紙などを、沢山に持たしたのであるから、普通の人の登山に較べたら、人足の数もよほど多かったであろうと思う。鴛泊の町を宿屋から南東に向かって、五、六町も行ってから、右の方に折れたように思う。一体は宿を出でて間もなく、右に曲りて登るのが利尻山への本道であるらしいが、余らの一行は、途中で、ミズゴケを採る必要があるので、ミズゴケの沢山にあるという池の方へ廻ることになったために、こんな道筋を進んだのである。町はずれから右に折れて、幾町か爪先上りに進んで行けば、高原に出るが、草が深くて道は小さいので、やっと捜して行くくらいである。次第に進むに従って雑木やら、ネマガリダケ、ミヤコザサなどが段々生い繁って、人の丈よりも高いくらいであるからして、道はほとんど見ることが出来ないようなというよりも、道は全くないと言った方が宜しいのである。そんなところを数町の間押し分けながら進んで、ようやく池のある所に出たが、無論この池の名はないのである。ミズゴケが沢山この辺にあるので、一同は充分にまずこれを採集した。池の辺は、トドマツと、エゾマツが一番多くこの辺はすべて喬木林（きょうぼくりん）をなしている。その林中にある植物は、重（おも）なるものを数えて見ると、ミヤマシケシダ、シロバナニガナ、ツボスミレ、ホザキナナカマド、メシダ、オオメシダ、ジュウモンジシダ、ミヤマママタタビ、サルナシ、バッコヤナギ、オオバノヨツバムグラ、テンナンショウ、ヒトリシズカ、ミツバベンケイソウ、ヒメジャゴケ、ウド、ザゼンソウ、ナンバンハコベ、ミヤマタニタデ、イワガネゼンマイなどである。この池から先は、多少の斜面となっているので、その斜面を伝うて登ればまず笹原である。笹原の次が雑木である。雑木の次がエゾマツとトドマツの密生している森林で、道は全く形もないのに傾斜はますます急である。一行はこの森林の中を非常な困難をして登ったのであるが、間もなく斜面がようやく緩かになると同時に、森林が変じて笹原となって、終（つい）には谷に出ることが出来た。

この谷には水もあるので、十二時に間もないからまずこの辺で食事をしようということになったが、何分にもまだ利尻山の頂上も見ることが出来ないという有様であるから、一行もほとんど何の愉快を感ずることが出来なかったのである。加藤子爵が今では大事の盆栽としておられる、エゾマツの数本寄せ植の小さな鉢物は、この食事をした場所で岩の上に実生(みしょう)のかたまりがあったのを、木下君がいたずら半分に採られたのであったと思う。その当時はあんなに美事(みごと)の盆栽になろうとは思わなかったが、人の丹精というものは誠に怖しいものであると思うほどの盆栽となったのである。

食事をした場所から先は、水のある谷を伝うて遡(さかのぼ)って行くのであって、別段道という道は更にない。谷の両岸はいずれも雑木やら笹原やらで、谷の中にある石は重に丸味勝の石であったように覚えている。進むに従って谷はようやく窮(きわ)まって、水も次第に少なくなる。その辺からして谷を捨てて、右の方へ横に這入(はい)ったが、傾斜がますます急でことに笹が密生して登るのには非常に困難を感じた。この辺でザゼンソウを採集したと思う。笹原の急な傾斜も終には尽きて、低いエゾノタケカンバあるいはその他の樹の、ハイマツに混じて生えているところに出たが、いずれも高くないだけに、ある時には跨（また）ぐことも出来るが、またある時には腰を屈めて潜らなければならぬという有様で、随分登る時には楽でない道筋であった。この辺一体のハイマツは、山火に焼けたのであるか、枝が枯れて白く曝（さら）されたようになって、それも山上に登ってから眺めるというと、ほとんど雪でも積もっているかと思うほどに白く見えるところが、随分と広いのである。困難に困難を重ねて、一行はほとんど弱り切ってしまった頃に、ようやく道路らしいものに出ることが出来たが、これが鴛泊の町から、利尻山に登る本道であるとのことである。道路といってももともとより山道であるからして、至って小さい上にまた勾配も急である。

この辺には、イワツツジが沢山に生えていた。もちろん花は既に稀であったが、このイワツツジの果実は赤い色のもので、食うことも出来るしまた芳わしい香があるのである。それから花はないが、この辺には既にキバナノシャクナゲも沢山自生していた。その外にはエゾフスマなどが生じておったと思う。この辺から先はほとんど峰伝いに頂上に向かって進むという有様である。ここがおそらく薬師山と称せられる峰であるだろうと思う。もしそうであるとすれば、標高四千尺くらいの所に一同は既に達しているのである。それから数町の間は峰伝いとは言いながら、たるみがあるので、この辺から前面を望めば頂上も格別遠くなく仰ぐことが出来るけれども、この日はミズゴケ採集のため迂廻して少なからぬ時間を費やしたので、頂上まで登って充分の採集をして、鴛泊まで帰着するということは、よほど困難に思われて来たけれども、この辺からして思い思いに採集しつつ進むので、あるいは遅れた者もあるし、あるいはズット先に駈抜けているものもあるし、なかなか相談をして下山のことをいずれにか決定するということが出来ないのである。段々たるみのところを進んで行く内に、風は次第に強くなるし、時刻も段々移って来たので、何とか話を極めねばなるまいと思っている時、子爵は率先してよほど登られたようであったが、この時とうとう引き返して来られたし、木下氏も丁度あまり遠からぬ所におられたので、一同相談を始めた。その相談の結果は、子爵だけは老体のことでもあるし、もちろん露営の準備等もないのである上に第一食物の用意がないので、終に人足の大部分を率いて下山せらるることになった。山に残るものは、人足が二人それに木下君と自分と都合四人である。ところがこの四人ももちろん食事の用意は更にないのであるからして、下山した人足の内で、ただちに食物と露営の防寒具等を携えて、再び登り来るように命じてほとんど日没に間近きころ、余らは加藤子爵の一行と袂を分つことになった。

前にも言った通り山上に一泊の予定でなかったから、何らの用意もないので、どうして一夜を明したら宜しいかと一同ほとんど当惑したが、第一に水を得なければ困るのであるから、その辺を捜して見たところが、左の方に草を分けて一町ほども下れば、そこに水もある。また水の辺に小さな小屋があったらしい跡がある。これが今から考えて見ると、川上君などがこの山に籠った処であろうと思う。それからまず木下君と余は共に夏服であるからして、ただでさえ夜になれば冷気を感ずるくらいであるから、この高山の上ではますます寒気が強く堪えられないのはもちろんである。従って充分に火を焚いて暖を取ることが肝要であるから、人足に命じてかなり多くの燃料を集めさせた。またその次には小屋という小屋は無論ないから、何とかして自分ら二人の身体を入れるだけのものを拵えたいと思ったが、それも思うようには出来ないので、止を得ないから、この辺の雑木はつまり、エゾノタケカンバとミヤマハンノキと中に少しずつ、ハイマツも混じっているが、高サが三、四尺くらいしかないのであるから、それを二人の身体が半分くらいずつ入れられるほど結び合せて、その下に木下君と共に腰から上だけを入れるように拵え上げたのである。

この晩は幸にして晴天で、雨の心配はなかったが、風はなかなか強いので、寒気は膚を徹するというほどであった。実はこの山上から鴛泊の町まで格別の遠サでもないと思ったから、加藤子爵と共に下山した人足が、すぐに食物と防寒具を持って登ったならば、遅くも九時か十時頃までには来てくれるだろうと思っておった。ところが、十時が十一時になっても誰も登って来るものがない。食物さえもほとんど用意がないので、加藤子爵その他の人の残したのを僅に食したくらいで、ますます寒気を感ずることが強いので、止を得ずただ無暗と樹の枝を焚いて身体を暖めることになった。後に鴛泊に降って聞けば、我々の焚火が町からもよく見えたので、知らぬ人は不思議に思っていたとのことであった。

充分に眠ることも出来なかったが、まず無事十一日の朝となった所が、夜が明けても人足は一向に登って来ない。そこで差当り困るのはもはや食物は少しもないのである。詮方なく遠くにも行かれず、ただこの附近の植物の採集を始めた。この朝採ったものは、ジンヨウスイバ、キクバクワガタ、イワレンゲソウ、リシリトリカブト、ゴヨウイチゴ、イワオトギリ、シシウドなどが重なるものであった。とかくする内に午前十時頃となって、ようやく町に下った人足らが登って来て、朝の食事をすることが出来た。人足らは宿に着いてただちに踏出したそうであるが、何分にも深夜になって登ることが出来ないので、遂に途中に一泊したとのことであった。加藤子爵も昨夜下山の途につかれたが、途中ネマガリダケやらミヤコザサやら道に横たわっていて、ますます足場が悪くなり、非常に疲労せられたので、鴛泊に帰着されたのは、十二時過ぎる頃であったとのことである。それを考えて見ると、山上に露営した方が、あるいは楽であったかもしれない。十一日の日には木下君は、充分の採集をしたからといって、終に人足と共に下山せられるとの事であるが、余は何分にもまだこの山を捨て去ることが出来ないので、終に一人踏止まって、なお一夜を明かすことに決心した。

峰に向かって進んで行けば、砂礫の地に達するのであるが、この辺には樹はほとんどないといっても宜しい。もっとも夥(おびただ)しく生えているのが、チシマヒナゲシである。その株のもっとも大なのは直径が五寸ほどもあるかと思う。しかしこの辺には、他の草はあまり多くない方であって、チシマヒナゲシもまたこの土地を除いて外の部分には、ほとんど見当たらなかったのである。ヤマハナソウ、シコタンソウ、シコタンハコベ、エゾコザクラ、リシリリンドウ、チシマリンドウなども、この辺から絶頂に達する間に自生していた。

絶頂に達すると、木造の小さな祠があるが、確か不動尊を祀ってあるという話しであった。絶頂は別段平地がある訳でもなく、またこの辺には樹は生えていなくて皆草ばかりである。草は少ない方ではないといって宜しかろう。この辺に、タカネオウギの自生しているのを見た。絶頂から少し向こうへ下る所まで、木下君と同行したが、ここでとうとう同君と分れて、自分は一人となった。その辺にリシリオウギ、ヒメハナワラビ、ミヤマハナワラビなどが生えている。

この絶頂に立って眺むるというと、東北の方にあっては、宗谷湾が明かに見ることが出来て、白雲がその辺から南の方に棚引いて、広き線を引いておって、幽かに天塩の国の山々を見ることが出来た。西の方は礼文島を鮮かに見ることが出来て、その外にはいわゆる日本海で何にも眼に遮ぎるものはなく、ただ時々雲の動くのを見るばかりである。それから今は日本の領地となったのであるが、樺太の方は、この時朦朧として、いずれが山であるか雲であるかを見分けることも出来ない有様であった。最も愉快であったのは、夕陽が西に廻るに従って、利尻山の影が東の海上にありありと映って、富士山でよく人の見るという、影富士と同様のものを、この北海の波上に見ることが出来たのである。なおそれよりも愉快であったのは、午後四時頃であったと思う。この利尻山の絶頂において、いわゆる御来光(ごらいこう)を見ることが出来た。即ち自分の姿が判然と自分の前を顕われるのを見ることが出来たのである。

絶頂よりなお前面を見れば第二の峰が聳(そび)ているのであるが、時間がなくなったのでこの日は第二の峰に行かずして、前夜の露営地まで戻ることになった。今日は随分採集をしたのであるからして、その始末をするに、多くの時間を費やして、終に徹夜をするような有様になった。しかしながら、前夜に比すれば、防寒具なども人足らが携え来ったのであるから、大いに寒気を凌(しの)ぐことが出来た。

十二日の日も幸いにして晴天であった。午前三時頃露営の小屋を出でて仰ぎ見れば孤月高く天半に懸って、利尻山の絶頂は突兀(とっこつ)として月下に聳えている。この間の風物はなんとも言いようのない有様である。三時頃からして東の方がようやく明るくなって、四時半には太陽が地平線上に出た。この時西北の方を仰ぎ見ると、昨日は多少雲もあったが、今日は更に一点の浮雲もないので、礼文の方はますます鮮やかに見ることが出来た上に、宗谷の方も東に無論見ゆるし、東北の方に一ツの小さな島を見ることが出来た。この島は無論樺太に属するものである。朝の食事を終わってから再び絶頂に進んで、それからなお第二の峰に向かって足を進めたが、その間はわずか三、四町に過ぎないといっても宜しいであろう。もちろん足場はよくないけれども、無論第一の峰ほどの困難はないのである。第二の峰にはあまり石などはないのであるが、自生している草は、チシマラッキョウ、エゾヨツバシオガマ、ホソバオンタデ、リシリソウなどで、ことにキバナノシャクナゲが甚だ夥しく自生していた。第二峰の先に第三の峰があるが、この峰に行くのは甚だ困難で中間に絶壁のほとんど足場の得難いものがあるので、残念ながら全く断念することの止を得ないのを認めた。第二峰から西の斜面に降ったところに、蠟燭岩という大きな岩がある。岩の上にはタカネツメクサやらコイワレンゲなどが生じていて、またその岩の下には、チシマイワブキやら、エゾコザクラの花のあるのなどが生じておった。この辺は雪が消えて間もないような模様であったが、しかし残雪は認めなかった。

既に第三峰に行くのを断念したから、この峰から後戻りをして、第一峰に帰り、それから少し下って右の斜面に這入て見たら、この辺は一面に草があって、その中にはアラシグサが沢山生えておった。なおそれから少し下ると雪が沢山に残っている。その大サは幅が十間ばかりもあったであろうか、長く下の方まで連なっているのでその長サがどのくらいあるかほとんど窮めが附かない。この雪の両側にはキンバイソウが黄金色の花を開いて夥しく生じておった。その萼弁が十枚以上あって、あるいは一つの新種ではなかろうかと思われるほどである。リシリキンバイソウもこの辺に生じていたし、エゾコザクラも丁度花盛りであった。無論この残雪のあるあたりは、幾分谷のような形をなしていて、その谷の両側はほとんど一面にハイマツが土を掩うている。そのハイマツを越えて、雪の左の方に向かって進んで行けば、露営地の下の谷のところへ出られるのである。ようやくこの辺に達した時分に天気が変わって来て、終に雨が降り出した。

あまり所々を採集して時間が遅くなったから人足が毛布を振ってしきりに余を呼んでいる。モウ随分満足することが出来るほど採集したから、それより立ち戻って露営地に着した時は、日もようやく西の波間に没せんとする頃であった。いよいよ仕度を整えて、下山の途についたのは七時に近い頃であって、余とこの時まで山上に止まっていたのは人足が二人である。少し下ったかと思うと、日は全く暮れてしまって、下るになかなか困難で、加藤子爵の一昨夜のこともますます察せられた。ことに人足らは重い荷物を背負っているから大変に後れるのであるからして、余は提灯を点けてズンズン先に進み、ハイマツの焼けて白くなっている所まで行って、人足らの下って来るのを待っておったが、段々夜は更けるし、ことに何だか大きな鳥が時々飛んで来て、何やら気味が悪いような心持もするし、今から考えて見ると、大方北海に名高い鷲であろうかと思うが、その時は何の鳥という考えもなく、時々棒を振って打とうとするが、なかなかそれが届くほど低くは飛んで来ないのである。

人足も来たので、また打連れて下った。終に笹原の中に這入って幾度かつまずいたり、転んだりして、終に一ツの渓流のあるところまで下った。その時は十一時頃であった。こうなってはとても鴛泊まで行かれそうもないから、いっその事ここで露営した方がと思うた。それはツマリこの石のゴロゴロした谷を伝うて下るのであるから、とても今までのようなことではないという話であったから、止を得ずそのことに決した。ここに落付くことになったが、何分にも下は湿っているし、寒くはあるし、なかなか眠ることは出来ない。その上に雨は本式に降り出したので、なんともいえない困難をした。

十三日の朝になって、ようやく宿に着した時にはもとより笠もないのであるからして、まるで濡れ鼠のようになって、衣服は全く水漬になってしまったのである。そんな有様であるから、雨の降るのを幸いに十三日一日は宿に閉じ籠って休憩をして、その次の十四日には雨も霽れたから、加藤木下両氏と共に多少の散歩をしたくらいで、十五日になってから、やっと小樽行の船が鴛泊に着したのでこれに乗込んだ。もちろん往きに乗った日高丸が帰って来るはずであるが、どういう都合かその船の代りに駿河丸が来たので、それに乗って十六日の夜の十二時頃小樽の越中屋に帰着した。それから先はあるいは札幌の方に足を止られた人もあるし、あるいは東京に急いで帰られた人もあるから、思い思いに分れてしまったが、とにかく利尻山の採集はここに全くその局を結んだのである。

余の記憶に残っているのはこんなことであって、誠に紀行とも言えないし、採集記とももちろん言えないくらいであるから、もし詳しいことを知りたいという方は『植物学雑誌』に出ている、川上君の「利尻島に於ける植物分布の状態」という論文を御覧になれば、山の模様から植物の分布の有様も一層明らかになるであろうと思う。しかしとにかく前にも言った通り、登山の紀行を書かなければならぬという事になっているのであるから、申訳ながらせめて御話だけでもして、自分の責を塞ぐ積りである。どうかそのお積りで読んで頂きたい。

【牧野富太郎が訪れた山】

利尻山　所在地：北海道　標高：1721メートル
別名利尻富士とも呼ばれ、昭和49年（1974）に利尻礼文サロベツ国立公園に指定された。アイヌ語でリイシリは「高い島山」を意味する。古くから高くそびえるその美しい姿は航海や漁場の目印とされた。高山植物の宝庫でもあり、リシリヒナゲシ、リシリオウギ、ボタンキンバイなどこの地に特有の植物が多い。利尻山の南斜面にチシマザクラの群落が発見され、北海道の天然記念物にも指定された。〔地図①〕

〔羊蹄山〕

シリベシ山をなぜ後方羊蹄山と書いたか

松浦竹四郎の著に『後方羊蹄日記』と題する一冊の書物があって、これを「シリベシ日記」と訓(よ)む。書中に雌岳(まちねじり)なる知別岳を後方羊蹄と書いてある。すなわちこの後方羊蹄はシリベシと訓み、後方羊蹄山はシリベシ山というのである。

かくシリベシを後方羊蹄と書くのは、いかにも奇抜しごくな字を当てたもので、これはよほどヒョウキンな書きぶりであることを失わない。

そもそもこのシリベシという地名へ後方羊蹄の字を当てて書いたのは、昭和十三年をへだたる千二百十八年前、すなわち元正天皇の養老四年に舎人親王の編纂(へんさん)せられた『日本書紀』（略して『日本紀』とも称する）巻の二十六、斉明天皇五年のところに「後方羊蹄(シリヘシ)ヲ以テ政所ト為ス可シ」と記してあるのが初めてであって、これでみるとずいぶん古くこの字を使用したものである。すなわちこれは後方がシリへ（すなわち後）、羊蹄がシである。このシリベシ山は北海道後志の国から胆振の国にまたがって聳ゆるマッカリヌプリのことで、一に蝦夷富士と呼び昔から著名な高山である。

そこでその後方をシリへというのはこれはだれでも合点がゆきやすいが、その羊蹄をシとするのはまず一般の人々には解りにくかろうと想像するが、それもそのはず、これはじつはシと称する草の名（すなわち漢名）であるからである。すなわちシリへの後方と、シの羊蹄との合作でこの地名を作ったものである。

この事実の呑み込めない古人の記述に左のごときものがある。これは山崎美成の著わした『海録』の巻の十三に引用してある、牧墨僊の『一宵話』の文で、すなわちそれは左のとおりである。

> 東蝦夷地のシリベシ嶽は高山にして其絶頂に径り四五十町の湖水ありその湖の汀は皆泥なりその泥に羊の足跡ひしとありといふ奥地のシリベシ山を日本紀（斉明五年）に後方羊蹄とかゝれたると此蝦夷の山と同名にして其文の如く羊の住めるはいと怪しと蝦夷へ往来する人語りし誠に羊蹄二字を日本紀にも万葉にもシの仮字に用ゐしは故ある事ならん。

右の文中、万葉にも、とあるは万葉集巻の十にある「毎年、梅者開友、空蝉之、世人君羊蹄、春無有来」の歌のシの仮名にやはり羊蹄の字が用いてあるのを指したものでしょう。

上の『一宵話』の著者は、既に述べたようにシの場合に羊蹄の二字が使ってあるその訳がらがいっこうに判らなく、また『万葉集』のその後の解釈者も、シの羊蹄が一つの草名であることには気が付かずにいるようだ。

元来羊蹄とは、前にいったように一つの草の支那名、すなわち漢名である。この草は支那と日本との原産植物で、日本では昔にこれをシと称えた。またシブクサともいった。すなわち源順の『倭名類聚鈔』に出ているとおりである。そしてその根はシノネ（シの根）ともシノネダイコン（シの根大根）とも呼ばれて薬用に供せられ、今日民間でもときとするとその肥厚している黄色の根をわさびおろしですりおろし、これを酢で練ってインキンタムシの患部に伝え、これを療することがある（同属のマダイオウも同目的に使用せられる）。

この品は野外に多い大形の宿根草で、タデ科に属する一つの雑草である。小野蘭山の『本草綱目啓蒙』巻の十五に左のとおりその形状が書いてある。

水辺ニ多ク生ズ葉ハ狭ク長ク一尺余コレヲ断バ涎アリ一根ニ叢生ス春ノ末薹ヲ起ス高サ二三尺小葉互生ス五月梢頭及葉間ニ穂ヲ出シ節ゴトニ十数花層ヲナスソノ花三弁三萼淡緑色大サ一分許中ニ淡黄色ノ蕋アリ後実ヲ結ブ……コノ実ヲ仙台ニテノミノフネト云後黄枯スレバ内ニ三稜ノ小子アリ茶褐色形蓼実ノ如シ是金蕎麦ナリ根ハ黄色ニシテ大黄ノ如シ。

これでその草状がよく分かるでしょう。そしてその葉は食えば食えるとのことを聞いたが、私はまだこれを試みたことがない。支那の書物の『救荒本草』には、飢饉のときに際してはその嫩き苗葉を採り、ゆでて水に浸してその苦味を淘浄し、油塩に調えて食することが書いてある。

六月頃にその実の熟せしときを見はからい、それを採り入れて乾かし、ソバ殻の代用としてこれを茶枕に入れ用うることがあるので、私もこれを実行してみたことがあったが、しかしこれはふつう一般には行なわれていない。

上に述べたようなイキサツを承知すれば、シリベシ山を後方羊蹄山と書いた理由がよくのみ込め得るであろう。

【牧野富太郎が訪れた山】

羊蹄山　所在地：北海道　標高：1898メートル

後方羊蹄山は旧称。アイヌ語ではマッカリヌプリ。支笏洞爺国立公園西端に属し、均整のとれた成層火山。別名蝦夷富士とも呼ばれる。植物の垂直分布がよくわかり、山麓はナラ、ダケカンバなどの広葉樹林、中腹はエゾマツ、トドマツ、ハイマツなどの針葉樹林、山頂にはキバナシャクナゲやエゾノツガザクラなどの高山植物が生育する。これらは「後方羊蹄山の高山植物帯」として国の天然記念物に指定されている。〔地図③〕

〔恐山〕

ニギリタケ

ニギリタケは、Lepiota procera *Quel.* なる今日の学名、および *Agaricus procerus* Scop.（種名の procera は丈高き義）の旧学名を有し、俗に Parasol Mushroom と呼び、広く欧洲にも北米にも産する食用菌の一種である。そしてニギリタケとは握り蕈の意であるが、握るにしては、その茎、即ち蕈柄が小さくてあまり握り栄えがしない。それで、私はこの菌を武州飯能山で採ったとき、「ニギリタケ、握り甲斐なき細さかな」と吟じてみた。ところが、天保六年（一八三五）に出版になった紀州の坂本浩雪（浩然）の『菌譜（きんぷ）』には、毒菌類の中にニギリタケを列して、「形状一ならず、好んで陰湿の地に生ず。その色、淡紅、茎白色なり。若（も）し人これを手に握るときは、則ち痩せ縮む、放つときは、忽ち勃起す。老するときは蓋甚だ長大なり」と書き、握りタケとして、握り太な、ズッシリしたキノコが描いてあるが、これは握りタケの名に因んで、いい加減に工夫し、握るというもんだから、的物が太くなければならんと、そんな想像の図をつくったわけだ。ところが本当のニギリタケが判ってみると、その茎は案外に痩せて細いものである。さすがの川村清一博士のような菌類専門学者でも、このニギリタケは久しく分らなかったが、私が大正十四年（一九二五）八月に飛騨の国の高山町できいたその土地のニギリタケのことを話して同博士も始めて合点がいったのである。そこで博士は、このニギリタケのことを大正十五年（一九二六）六月発行の『植物研究雑誌』第三巻第六号に書いた。それで、これまであやふやしていたニギリタケが始めてはっきりした。そしてこの菌は蓋が張り拡がると、あたかも傘のような形をしているところから一にカラカサダケとも呼ばれるとのことだ。坂本浩然の『菌譜』

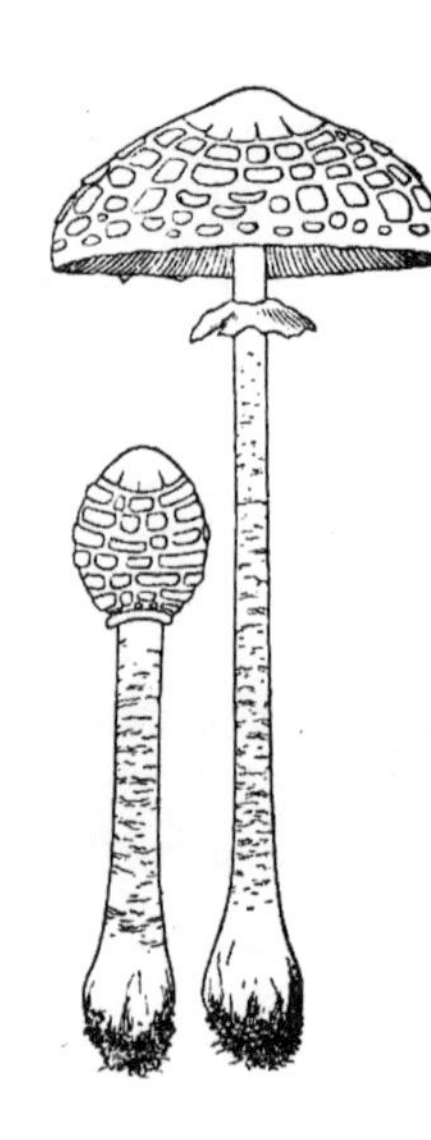

ニギリタケ、一名カラカサダケ
Lepiota procera *Quel.*

にカラカサモタシ、カサダケ、傘蕈としてある図のものはけだしカラカサダケであろうと思う。「毒アリ食ス可カラズ」と書いてあるのは事実を誤っているのであろう。

上の大正十四年八月当時、私が高山町西校校長、野村宗男君に聞いたところは次のとおりであった。

にぎりたけ（方言）飛驒吉城郡国分辺（高山町より二、三里ほど）の山地芝草を刈り積みたる辺、または麦藁を入れ肥料にせし畑に生ずる。秋時栗の実の爆ぜる頃最もさかんに出る。高さ七、八寸より大なるものは一尺五寸ばかりもある。出ずる頃土人ににぎりたけを採りに行くと称して赴く。一本一本独立に生える。茎の太さ両指にて握るほどにて、全体白色、水気少なく、茎頭わたわたしくなりいる。縦に割いて焼き醤油の付け焼きにして食うを最も美味とする。多少の香あり、また汁の身としまた煮付けとする。

今から二十五年前の昭和三年の秋、私は陸奥の国、恐れ山の麓の林中で、大きく傘（蓋）をひろげたカラカサダケ、即ちニギリタケ数個を見つけ、それを持って踊る姿をカメラに収めた。今、ここにその時のことを歌った拙作を再録してみると次のとおり。

恐れ山から時雨りょとままよ、
両手にかざす菌傘、
用心すれば雨は来で、
光りさし込む森の中、
やるせないまま傘ふって、
踊って見せる、松のかげ、
その腰つきのおかしさに、
森よりもるる笑い声、
道行く人は何事と、
のぞいて見ればこの姿。

【牧野富太郎が訪れた山】
恐山　所在地：青森県　標高：878メートル

別名宇曾利山。青森県下北半島の中央部にある活火山で、中央部のカルデラに宇曾利山湖や菩提寺（円通寺）、温泉がある。ブナとヒバ（ヒノキアスナロ）が混生する森林が大部分をしめる。宇曾利山湖の周囲には多数の硫気孔があって火山ガスが立ち込め、植物はほとんど生育しない。高野山、比叡山とともに日本三大霊場の一つで、死者の霊魂が集まる山とされ、毎年7月にいたこの口寄せがある。〔地図④〕

〔秋田の山野〕

秋田ブキ談義

秋田ブキは、わが国東北の奥羽地方から北海道にかけて生ずる巨大な葉のフキである。このフキは北して樺太(からふと)にも産する。このフキは、南から北へ行くほど、その草丈が大きくなっている。それ故(ゆえ)、樺太のものがもっとも雄大である。

秋田県下の山野に自生しているフキは、みな秋田ブキの種で、われらがふつうフキと呼んで食用にしているものは、私の視(み)た範囲では同県には野生していない。ただところにより畑に少々作っているに過ぎないようである。

秋田県を歩く人は山地でフキにであうであろうが、たとえふつうのフキのように小さくても、これはみな秋田ブキそのものである。それ故、秋田ブキは必ずしも大形のものばかりとは限らないことを識(し)っておくべきである。

秋田県では、昔はどうであったかは知らないが、今日ではかの大形のいわゆる秋田ブキは山地でも容易に出合わない。ただあるのは小形ならびに中形ぐらいのもので、その大形のものは余程運が好くなければ見ることはむつかしい。

秋田市などで売っている絵はがきには、大形の秋田ブキがでているが、あれは肥料をやって作ったもので、同市の公園には名物だというのでこれを栽培している。

それ故、芸者を景物に添えて撮影するにはここに行けばよい。私ははじめてこの絵はがきを見たとき、芸者を遠い山奥へ連れ込んで撮影したのかと感心していたら、なんだ、町近くの畑のものだった。そんなら芸者でも、あの柔かい足に鼻緒ずれもできず、大事大事の着物も汚さず、また時々頓狂な声もださずに済むわけだ。

秋田市では、その太い葉柄を砂糖漬けの菓子にして売っている。また「フキ摺(ず)り」と呼んで、その大なる葉面を布地あるいは絹地に刷っている。この二つは秋田ブキを原料に使った同地の名物である。

この秋田ブキは北海道へ行くと段々と大きくなっている。そしていずれの山地でも、これが見られる。アイヌ語ではこのフキのことを「コルクニ」という。

樺太に入ると、この秋田ブキはもっとも巨大に生長し、そここにその天性の偉容を発揮している。即ちこのフキは北するほど大きくなり、南するほど小さくなっている。つまり、暖かいより、寒いのを好く草であるといえる。

一体、秋田ブキにはその本然の特徴があって、たとえその形状は小形となっていても、慧眼なる人ならば、これをふつうのフキと見別けることはあえて難事ではない。しかし、私の信ずるところでは、秋田ブキはふつうのこのフキの一変種である。秋田ブキたるの特徴はあるとしても、その葉形花容はその間にただ大小の差こそあれ、その形状は全く同一である。

秋田ブキに立つ「フキの薹(とう)」は、ふつうのものと同形であるが、ただその形がいくらか太い。かの正月の盆栽に、植木屋が八つ頭と称して売っているものは、この秋田ブキを縮めて作ったものである。試みにこれを栽(う)えておくと、秋田ブキが萌出する。

秋田ブキはふつうのフキのように、その葉柄は食用になるが、しかしあまりうまくないので、世人はこれを歓迎しない。

とにかく秋田ブキは、直径数尺もある広い大葉面を展開し、数尺の高さ、太さ径数寸もある長葉柄を挺立さすとは、他に比類のない壮観で、その偉容は優に他の百草を睥睨するに足り、一面、またわが日本植物の誇りでもある。

ついでに述べておきたいことは、昔からフキに款冬だの、蕗だのの漢名が使われているが、これらはともに誤って用いられているもので、フキには漢名はない。

▲関東甲信越から中部

〔栗駒山、鳥海山、戸隠山、駒ケ岳など〕

山草の分布

わが国分布の大観

日本における高山植物の分布はここの高山には何々、あそこの高山には何々といったように山々によって非常な特色を持っているほどのことはない。まず分布といっても一様の植物が多く、これを大別して南部と北部になるくらいのものである。西南地方すなわち四国や九州は土地が低いから山にもあまり高いものがない。高山の絶頂というのが灌木帯喬木（きょうぼく）帯で、植物の矮小になったものがある。おしなべて西南地方には岩壁に高山植物と同じような生活をした植物があるが、北部の高山植物のように草本帯に生えていないのである。中国筋は一般に低い山が多く、わずかに伯耆（ほうき）の大山（だいせん）が高山植物帯となっていて、つがざくら、こめばつがざくらなどがある。この山が日本における高山植物系の最西、最南の終点と言ってもよい。これから北方になるにしたがって山も高く地球上の緯度も北に寄り、高山が灌木帯の上にある草本帯を有するようになっている。

　いわゆる高山植物の中には日本特有のものもあるけれども、概して日本の下界には欧洲、アジア、北アメリカの北部にある植物が多いが、高山にはその北半球の北部の植物が下界に比してさらに多い。すなわち、日本の上層に生活している植物は欧洲の北部にある植物と関連している。例えば、いわうめ、むかごゆきのした、虫取すみれなどはほとんど北半球の北部にある共通の植物と言ってよい。前にも言ったように、日本における高山植物の分布はここの高山あそこの高山といって植物系によって区別するほどの差はないが、南部の高山にあるものが北海道に行くと海岸に生じている。かのはいまつとかがんこうらんとかいう植物はそれである。また比較的近年まで噴火した高山には高山植物の種類が少ない。富士山のごときは高いことにおいても位置においても、高山植物の種類に富んでいそうなものだがさようでない。どこの高山にもあるがんこうらん、はいまつがないのをもってしても知れるしだいで、これは如上(じょじょう)の理由に基づくのである。

高山植物の種類のうち、日本特有のものだがふつうは珍しくないのが、こまくさ、しらねあおい等である。また日本特有であってしかも珍稀な高山植物では、こうしんそう、たかねすみれ、なんぶとらのお、なんぶなずな、めあかんきんばい、おやまえんどうなどである。

七、八月咲く種類

七、八月に開花する高山植物はすこぶる多いが左にその三、四を列挙してみよう。

ひめいわかがみ……中部の喬木帯に生じ、花候は六、七月、常緑の多年生草本にして紅花白花の二種あり。

いわうちわ……中部の喬木帯に産し、六、七月のころ花開く、常緑の多年生の草本なり。

いわかがみ……いわうめ科に属し中部北部の高山喬木帯、灌木帯ならびに草本帯等に産す。花候は六、七月、近畿地方にては丘阜(きゅうふ)に生ず。常緑の多年生草本なり。

やちらん……らん科に属し中部高山上の湿原に産す。花候七月、多年生草本、日本にてはきわめて稀有にして日光、八甲田山等においてときとして得らる。

えぞこざくら……さくらそう科、北部草本帯（利尻、千島）、花は八月、多年生草本。

ひめしゃじん……ききょう科、中部高山の草本帯（日光）、花八月、多年生草本、この種は白花は稀有にして珍重せらる。

ちしまひなげし……北部高山の草本帯（利尻、千島）、花は七、八月、多年生草本にして稀有なり。

やなぎ草……中部北部の山中原野に産し往々平地にも発見せらる。花は八月、多年生草本にして高さ五尺に達す。

ひなざくら……さくらそう科に属し鳥海山、栗駒山等に産す。花は七、八月、多年生草本。

みやままんねんぐさ……べんけいそう科、中部の喬木帯（信州戸隠山、八ヶ岳等）、花は六、七月、岩上に生じ多年生草本なり。

きんれいか……おみなえし科、一名白山おみなえし、中部北部の喬木帯、花は七、八月、多年生草本。

たてやまきんばい……いばら科、立山（たてやま）、白馬岳（しらうまだけ）に産す。花は八月、多年生草本にして花は細小。

みやまこごめぐさ……ごまのはぐさ科、中部北部の山地に産し、花は七、八月、一年生草本。

はくさんちどり……らん科、中部北部の草本帯、花七月、多年生草本。

はくせんなずな……十字科、中部の灌木帯、草本帯（駒ヶ岳、日光）、花七月、下部の葉に長柄あり、花は総状をなし白色なり。花弁小にして雄蕋（ゆうずい）超出し、種子に翅（はね）あり。

たけしまらん……ゆり科、中部北部の喬木帯、花は七、八月、多年生草本、漿果（しょうか）赤し。

めあかんふすま……なでしこ科、中部北部の草本帯（釧路雌阿寒岳（めあかんだけ）、羽後鳥海（うごちょうかい）山（さん））、花八月、多年生草本。

つくしぜり……繖形（さんけい）科、南部の草本帯（九州）、花八月、多年生草本。

おやまのえんどう……中部の草本帯（信州駒ヶ岳、白馬岳、八ヶ岳）、花八月、多年生草本。

いわしょうぶ……ゆり科、中部草本帯（山中の温泉）、花八月、多年生草本、花梗（かこう）の上部粘着。

いわぎきょう……中部北部の草本帯、花八月、多年生草本。

みやまきんばい……中部北部の草本帯に産し、いばら科に属す。花は七月、多年生の草本なり。

みやまりんどう……中部北部の草本帯、花八月、多年生草本にして叢生（そうせい）す。

りしりおうぎ……利尻山、白馬岳に産し、花は八月、多年生草本。

みやまあけぼのそう……りんどう科、信州駒ヶ岳、白馬岳、陸中早池峰等に産す。花八月、多年生草本。

こみやまりんどう……越中立山、越後清水峠、岩代尾瀬平に産す。

おおさくらそう……中部北部草本帯（御嶽、白馬、北海道）、花八月、多年生草本なり。

【牧野富太郎が訪れた山】

雌阿寒岳（めあかんだけ）　所在地：北海道　標高：1499メートル
阿寒国立公園の阿寒湖の西側にそびえる活火山で、カルデラの上にできた複雑な成層火山。6〜7月には多くの高山植物の花が咲くが、雌阿寒岳で初めて発見された植物として、明治19年（1886）に宮部金吾が採集し命名したメアカンフスマ、明治30年（1897）に川上瀧彌が採集し、牧野富太郎が命名したメアカンキンバイがある。阿寒富士を背景に、青沼をたたえる雌阿寒火口の眺めはすばらしい。〔地図②〕

八甲田山（はっこうださん）　所在地：青森県　標高：1585メートル
十和田八幡平国立公園にある、十和田湖外輪山の御鼻部山（おはなべやま）以南に連なる峰々の総称。また奥羽山脈最北の火山群で、主要な山に八甲田山、高田大岳、櫛ヶ峰、乗鞍岳、八幡岳がある。山麓各地に温泉が湧出し、訪れる湯治客も多い。峰々の山容も円錐形や馬の背状をなし、穏やかな雰囲気をつくり出している。渓谷や湖沼、湿原、高山植物が数多く見られ、四季を彩るそれらの景観がまた魅力的である。〔地図⑤〕

早池峰山（はやちねさん）　所在地：岩手県　標高：1917メートル
北上山地の主峰。柳田國男や宮沢賢治が好んで登り、作品にも登場させている。ほかにも植物学者であるロシア人のマキシモヴィッチや須川長之助らによって生物学方面で紹介されるなど、古くから魅力的な山であった。高山植物帯は国定公園特別天然記念物に指定されるほど種類が多く、山の象徴のハヤチネウスユキソウ、早池峰山を分布上の南限とするナンブソモソモ、サマニヨモギ、チシマコザクラ、ナガバキタアザミなどがある。〔地図⑦〕

栗駒山（くりこまやま）　所在地：岩手県・宮城県　標高：1626メートル
平安中期の古今和歌集六帖にも詠まれた栗駒山は、仙台の真北、宮城、岩手、秋田の県境に位置する古い火山。全国に数ある駒のつく山は、雪形から名付けられたものが多く、この山も5月になると南東の宮城県側に飛翔する天馬の姿が浮かび上がる。灌木と草原のたおやかな山稜、豊かな残雪と随所に見られる高層湿原、高山植物の多いことなどとともに、すべての登山口、下山口に温泉があるのも特徴の一つ。秋のドウダンツツジやウラジロヨウラクなどの目の覚めるような紅葉は、特筆に値する。〔地図⑧〕

鳥海山（ちょうかいさん）　所在地：山形県　標高：2236メートル

山形県と秋田県境にそびえる成層火山で、東北を代表とする高山。秀麗な山容から、出羽富士や秋田富士の名で親しまれており、落ち着いた雰囲気と温もりがある山。日本海から山頂部まで、わずか約15キロメートルの独立峰で、冬の季節風をまともに受けるため、山の方位によっては積雪や風に大きな違いが見られる。そのためチョウカイフスマ、チョウカイアザミ、チョウカイチングルマなどの鳥海山特有の植物をはぐくみ、植生を規制してきた。〔地図⑨〕

清水峠　所在地：新潟県・群馬県　標高：1448メートル
谷川連峰内（上越国境）にあり、群馬県と新潟県の境に位置する。古来は多くの人の往来があり、現在は国道291号が通っている。ただし群馬県側の国道はすでに廃道になっており、車両の通行はできない。マニアの間では「酷道291号」と呼ばれ、登山者であれば通行は可能。峠には清水峠白崩避難小屋がある。〔地図⑭〕

戸隠山　所在地：長野県　標高：1904メートル
日本誕生の神話とともにある山。天照大神が天ノ岩戸にお隠れになったとき、手力雄命が力いっぱい投げ飛ばした岩が飛んできてできたのがこの戸隠山だという。ときおり中社や宝光社の大きな杉の森から、神楽の音が響いてくる。山

頂からは、左に険しく連なる西岳、北に端麗な高妻山を眺めることができる。〔地図㉒〕

駒ヶ岳（こまがたけ）（信州駒ヶ岳）　所在地：長野県　標高：2956メートル
中央アルプスの最高峰。山名の由来は、晩春に中岳から将棊頭山（しょうぎがしらやま）の山腹にかけて現れる駒の雪形によっている。山頂一帯はハイマツの緑のジュウタンが敷きつめられ、花崗岩砂の白さと見事なコントラストを描き出す。高山植物も多く、イワウメ、イワギキョウ、アオノツガザクラ、タカネシオガマなど、色とりどりの花々が咲く。特に中央アルプスの特産種であるコマウスユキソウは、エーデルワイスの仲間で、この山域でのみ見られる花である。〔地図㉕〕

大山（だいせん）　所在地：鳥取県　標高：1729メートル
別名伯耆（ほうき）大山とも呼ばれている。山陰地方のほぼ中心に位置し、歴史、民俗、自然科学の面でも傑出したものが多い。天平5年（733）に完成したといわれる『出雲風土記』には、火神岳（ほのがみのたけ）の名で登場するなど、我が国で最も由緒のある山の一つである。特別天然記念物に指定されているダイセンキャラボク純林を見ることができるなど、豊かな生物相が現存している。〔地図㉛〕

〔尾瀬〕

長蔵の一喝

昭和七年頃の読売新聞に、「牧野が尾瀬に植物採集にでかけ、尾瀬の主、長蔵の一喝に逢い、ほうほうのていで逃げ帰ってきた」という記事がでたことがある。

これは、全く、途方もない嘘である。そんな事実は、全然なかったことは、このときの同行の人々がよく知っている。

この時は、長蔵はおろか、だれ一人にも出会わなかった。そしてまた私が長蔵に叱られる理由もなければ、また長蔵にそんな権利もない。

しかし、長蔵は、私が人よりは沢山に植物を採るというので、山を荒らすとでも、誤解していたらしいことは確かである。長蔵は私が尾瀬に植物採集にいくことをあまり悦(よろこ)んでいなかったのは事実のようだ。

こういう悪い先入観を、長蔵にたきつけたのは某氏であって、「牧野はとても沢山植物を採集するから、追返してしまえ」などと、善良でしかもいっこくな山男、長蔵へたきつけたものらしい。そこで、長蔵じいさんは、私に対してあまりよい感じを持っていなかったらしい。

それを、誰かが聞きかじり、尾にひれをつけて、こんな事実無根なつまらぬことを新聞に出してしまったものと思われる。これは、かえって長蔵の徳を傷つけるというもんだ。

これと同じようなことが、軽井沢でもあった。毎年夏、軽井沢に避暑していた尾崎咢堂(がくどう)は、軽井沢の自然美を護るために、植物採集をきらっていた。そこで、私が軽井沢にいくことをこころよく思わなかった。こういう、つまらぬことを新聞が書きたてるのは困る。

この尾崎咢堂と私が、後に二人仲良く東京都名誉都民にえらばれたのも不思議な縁というものである。

【牧野富太郎が訪れた山】

尾瀬(おぜ)　所在地：群馬県・福島県・新潟県　標高：1400メートル（尾瀬ヶ原）

尾瀬沼、尾瀬ヶ原を中心に、燧ヶ岳（ひうちがたけ）、至仏山（しぶつさん）などの山地を含む地域。尾瀬ヶ原は日本最大の高層湿原。福島県西部を流れる只見（ただみ）川が燧ヶ岳の火山活動によってせき止められ、尾瀬が出現したと考えられている。国立公園に指定されており、ミズバショウ、ニッコウキスゲなどの湿地植物の群生地帯で、周辺山地にはブナの原生林やハイマツの大群落がある。２００５年ラムサール条約の登録湿地となった。〔地図⑩〕

注：本文に出てくる「長蔵」という人物は平野長蔵（１８７０～１９３０）を指す。19歳のときに尾瀬を開拓し、燧ケ岳の登山道を開いた。尾瀬にはゆかりの「長蔵小屋」がある。

〔日光山〕

アカヌマアヤメ

アカヌマアヤメと呼ばれているイリスは、ノハナショウブであって、野州、日光山の赤沼原、すなわち戦場ガ原での、一部乾地に、一面に生じ、七月頃に花を開いているのだが、あえて変わった、花色のものは、見られない。そしてその和名は、アカヌマアヤメの他にノハナショウブ（野花菖蒲）と言われており、その学名をば Iris ensata *Thunb.* var. spontanea *Nakai* と称する。

武州三宝寺池辺の湿地に、少しは、これが野生していたので、私は先にはこれを自邸に移し、大きな水鉢に植えたものが、毎年六月頃に花が咲く。

このノハナショウブは、伊勢では、ドンドバナ（意味は不明）と呼ばれている。そして、なおこのノハナショウブは、諸国にも生じている。このノハナショウブを、福島県、岩代の浅香の沼で採り、のち植木屋が、それを改良して、東京、四つ切で、花の立派な花菖蒲に仕立て、今日の盛況を致すまでに、発展させたものである。
古歌に、岩代の浅香の沼の花がつみ勝つ見る人に恋やわたらむ、というのがある。

【牧野富太郎が訪れた山】

日光山　所在地：栃木県　標高：2486メートル（男体山）
日光連山を代表する男体山、女峰山、太郎山の三山を中心とする山岳の総称。男体山山頂からの眺望は四方に開け、眼下に中禅寺湖、戦場ガ原を見下ろし、日光連山、上越、上州の山々、はるかに富士山を望むことができる。ハイマツに囲まれた女峰山の頂上には滝尾神社の奥社があり田心姫命が祭られている。太郎山と小太郎（西峰）との稜線付近にはハクサンフウロ、ウスユキソウ、ホソバイワベンケイなどの高山植物が咲き誇る。〔地図⑫〕

〔筑波山、高尾山〕

アケビ

野山へ行くとあけびというものに出会う。秋の景物の一つでそれが秋になって一番目につくのは、食われる果実がその時期に熟するからである。田舎の子供は栗の笑うこの時分によく山に行き、かつて見覚えおいた藪でこれを採り嬉々として喜び食っている。東京付近で言えば、かの筑波山とか高尾山とかへ行けば、その季節には必ず山路でその地の人が山採りのその実を売っている。実の形が太く色が人眼をひく紫なものであるから、通る人にはだれにも気が付く。都会の人々には珍しいのでおみやげに買っていく。

紫の皮の中に軟らかい白い果肉があって甘く佳い味である。だが肉中にたくさんな黒い種子があって、食う時それがすこぶる煩わしい。

中の果肉を食ったあとの果皮、それは厚ぼったい柔らかな皮、この皮を捨てるのは勿体ないとでも思ったのか、ところによればこれを油でいため、それへ味をつけて食膳に供する。昨年の秋、箱根芦(あし)の湯の旅館紀伊の国屋でそうして味わわせてくれた。すこぶる風流な感じがした。

今日でもそうかも知らんが、今からおよそ百年ほど前にはその実の皮を薬材として薬屋で売っていた。それは肉袋子という面白い名で。

そこで右のあけびの実だが、その実の形は短い瓜のようで、熟すると図に見るようにその厚い果皮が一方縦に開裂する。始めは少し開くが後にだんだんと広く開いてきて、大いに口を開ける。その口を開けたのに向かってじいっとこれを見つめていると、にいっとせねばならぬ感じが起こってくる。その形がいかにもウーメンのあれに似ている。その形の相似でだれもすぐそう感ずるものと見え、とっくの昔にこのものを山女とも山姫ともいったのだ。なお古くはこれを⿱艹開(あけび)と称した。すなわちその字を組立った開は女のあれを指したもので、今日でも国によるとあれをおかいすと呼んでいる。これはたぶん古くからの言葉であろう。そしてこの植物は草である(じつは草ではなく蔓(つる)になっている灌木の藤本(とうほん)だけれど)というので開の上へ草冠を添えたものである。こんなあだ姿をしたこの実から始めてあけびの名称が生まれたのだが、このあけびはすなわちあけつびの縮まったもので、つびとは、ほどと同じく女のあれの一名である。しかし人によってあけびは開肉（あけみ）から来たと唱えている。すなわちその実が裂けて中の肉を露（あら）わすからだといい、また人によってあけびは欠伸（あくび）から出た名だといっている。すなわちその実の裂け開いたのを欠伸口を開くに例えたものである。国によるとあけびをあくびと呼んでいる所がある。なおあけびの語原についてはその他の説もあるが、しかし上の開肉の説も欠伸の説もなにもまずいことはないがあまり平凡で、かえって前の開けつびの方が趣があって面白く、また理窟にも叶っている。そのうえ既に昔に蕑の字を書いたりまた山女、山姫の字を用いたりしたところをもってみれば、この方の説を主張してもまんざら悪いことも

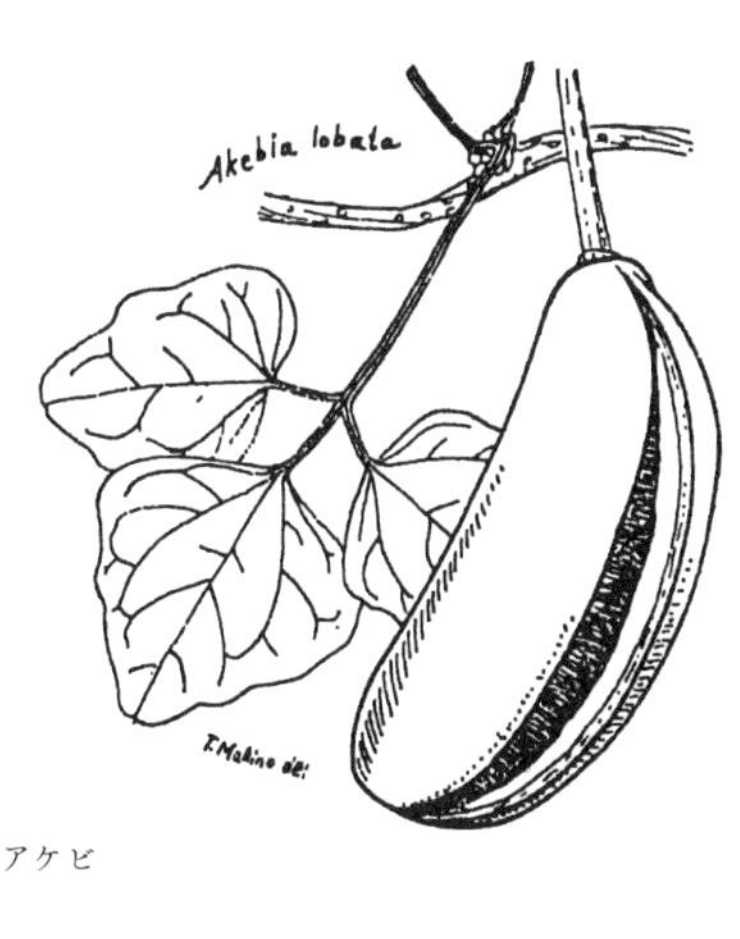

アケビ

なかろうと思う。あけびを一つにおめかずらと称え、またおかめかずらと呼ぶのもけだし女に関係を持たせた名であろう。

右のように、元来あけびは実の名であるがそれが後には植物を呼ぶようになっている。しかし本当はその植物を指す場合にはすべからく、あけびかずらというべきであるが、この称呼は既に古からあったのである。

あけびの実はなかなかに風情のあるものであるから、俳人も歌よみもみなこれを見逃さなかった。昔の連歌に山女を見て「けふ見れば山の女ぞあそびける野のおきなをぞやらむとおもふに」と詠んでいる。この「野のおきな」はところすなわちよく野老と書いてある蔓草の根（地下茎）をいったものである。また「いが栗は心よわくぞ落ちにけるこの山姫のゑめる顔みて」とよめる歌の返しに「いが栗は君がこころにならひてや此山姫のゑむに落つらん」というのがある。すなわち山姫はあけびを指したものである。また山女と題して「ますらをがつま木にあけびさし添へて暮ればかへる大原の里」の歌もある。また俳句もかずかずあるがその中に子規のよんだのに「老僧にあけびを貰ふ暇乞」がある。露月の句に「あけび藪へわれより先に小鳥かな」があり、李圃の句に「ひよどりの行く方見れば山女かな」がある。また箕白の句に「あけび蔓引けば葉の降る秋の晴」、蝶衣の句に「山の幸その一にあけび読れけり」がある。また「口あけてはらわた見せるあけびかな」という句があった。これは自分の拙吟だが「なるほどと眺め入ったるあけび哉」、「女客あけびの前で横を向き」これはどうだと友達に見せたら、そりゃー川柳へ入れたらよかろうと笑われた。

わが日本にはふつうあけびに二種（いま別にあいの子の一種があれど）あって、一般にはこれらを通じてあけびといっている。今日の植物学界ではその中の五葉のものを単にあけびと称え、他の三葉のものをみつばあけびと呼び、かようにそれを二種に区別している。

右のあけびもみつばあけびも植物学上からいえば、共にその蔓が左巻きをしている纒繞（てんじょう）藤本で、すなわち灌木が蔓を成したもので、それはふじなどと同格である。葉は冬月落ち散り、掌状複葉で長き葉柄を具（そな）えて互生し、花は四月頃に房をなし雄花雌花が同じ穂上に咲き、花には紫色の三萼（がく）片のみあって花弁はなく、雄花には雄蕊（ゆうずい）があり雌花には雌蕊（しずい）があって、この雌花は雄花より形が大きく、かつ花の数が少ない。

果実はみつばあけびの方がその皮の紫が美麗でかつ形が大きく、食用にはこの方がよい。

市中に売っているあけびの「バスケット」はどのあけびで作るか。通常これをあけびの「バスケット」というもんだから、それをふつうのあけびで作ると思っている者が多かろう。植物専門の博士でさえそう思い違いをして、これを書物に書いた滑稽があった。しかしこの「バスケット」を作るあけびはまったくみつばあけびで、ふつうのあけびは用いない。みつばあけびはその茎の本からきわめて細長い枝が発出して、それが地面を這って延びているので、それを採り来たり皮を剝いで「バスケット」に製する。ふつうのあけびにはこの細長き枝蔓が出ないから問題にならぬ。わが邦東北の諸国にてあけびといえば、そこに多いこのみつばあけびのみで、そこでは単にあけびと称える。ゆえに主として東北地方から産出するその「バスケット」を、あけびの「バスケット」と呼ぶのも無理はない。

ふつうのあけびの芽だちの茎と嫩(わか)き葉とを採り、ゆでてひたし物とし食用にする。これを蒸し乾かしお茶にして飲用する。山城の鞍馬山の名物なる木の芽漬はこの嫩葉を忍冬(にんどう)の葉とまぜて漬けたものである。

従来わが邦の学者は、わがあけびを支那の通草一名木通に当てていた。ゆえにあけびが薬用植物の一つになっていた。しかるに近頃の研究では、右の通草すなわち木通はあけびではないということになったので、そこであけびが果して薬になるかどうかということが分からなくなってしまった。

ここに面白いことは、このあけびの学問上の属名をあけびあ、すなわちAkebiaということである。これは無論日本名のあけびを基として作られた世界共通の属名である。そしてその中のあけびをばAkebia quinataと称し、みつばあけびをばAkebia lobataと称する。これは学問上の通称で、この名であれば世界中の学者にはだれにでも通ずる。学問上にはどの植物にもこんな公称があって学者はこれを使用しているのである。あまり長くなるのであけびの件これで打ち止め。

【牧野富太郎が訪れた山】

筑波山(つくばさん)　所在地：茨城県　標高：877メートル(女体山(にょたいさん))

茨城県西部にある山。昔は富士山と並び称される東国の名山だった。万葉集に筑波山を詠んだ長歌・短歌が25首もあるのがそれを物語っている。山頂部は御(み)

幸ヶ原を挟んで男体山と女体山の双耳峰になっており、イザナギノミコトとイザナミノミコトを祭る筑波山神社の奥宮を置いている。男体山を一周する自然研究路では、筑波山で発見された貴重な植物や、「ツクバ」の名を冠した珍しい草花を見つけることができる。〔地図⑪〕

高尾山　所在地：東京都　標高：５９９メートル

関東の三霊山の一つ。７４４年に奈良期の高僧行基が開山したと伝えられており、薬王院有喜寺がある。１９６７年に明治の森高尾国定公園に指定されている。1号から6号の自然歩道があり、山の自然を観察することができる。タカオスミレ、タカオヒゴダイなど、高尾山で最初に発見された植物も多い。都内から気軽に日帰りできるので、観光客にも人気が高い。２０１５年には博物館「TAKAO 599 MUSEUM」が開設され、高尾山の自然を世界に発信している。〔地図⑯〕

〔清澄山、那智山〕

日本に秋海棠の自生はない

私はこれまでに秋海棠が日本に自生していると聞かされたことが一再ではなかった。が、しかし秋海棠は断じて我国には自生はない。それがあるように見えるのは、もと栽（う）えてあったものから解放せられて自生の姿を呈しているので、そこで軽忽な人を瞞化しているにすぎない。そしてその自生姿を展開し繁殖している場所がいつも御寺の境内とかまたはその付近とかに限られている。例えば紀州の那智山（なちさん）とか房州の清澄山（きよすみやま）とかにそれがあるというのもまたこの類にすぎない。野州のある寺の付近の斜面崖地にもまた同じく自由に繁殖しているところがあった。

元来秋海棠は群を成して繁殖しやすい性質をもっている。すなわちそれは主としてその体上に生じている多くの肉芽からである。この肉芽は無論空中を飛ばないからその繁殖は大分限定せられている。花後の果実からも無数の軽い砕小種子が散出するから、この種子からもまた新苗の萌出することがある訳だが、私はまだ右種子からの仔苗を見ない。

秋海棠は支那名すなわち漢名である。これを音読したシュウカイドウが和名となっている。元禄十一年（１６９８）に出版された貝原損軒（益軒）の『花譜』には「正保の比はじめてもろこしより長崎へきたる」と述べ、また宝永六年（１７０９）出版の同著者『大和本草』によれば秋海棠の条下に「寛永年中ニ中華ヨリ初テ長崎ニ来ル、ソレヨリ以前ハ本邦ニナシ花ノ色海棠ニ似タリ故ニ名ヅク」と書いてあるが、同人の著書でありながら一つは正保といい一つは寛永という。果たしてどれが本当か。そして上文でみても秋海棠が我が日本の産でないことが判るので、日本にその自生がある訳がないことがうなずかれる。

秋海棠は真に美麗な花が咲きなんとなく懐しい姿である。さればこそ陳淏子の『秘伝花鏡』にも秋海棠の条下に「秋色中ノ第一ト為ス――花ノ嬌冶柔媚、真ニ美人ノ粧ニ倦ムニ同ジ」と賞讃して書き「又俗ニ伝フ、昔女子アリ人ヲ懐テ至ラズ、涕涙地ニ洒ギ遂ニ此花ヲ生ズ、故ニ色嬌トシテ女ノ面ノ如シ、名ヅケテ断腸花ト為ス」とも書いてある。このことはまた『汝南圃史（じょなんほし）』にも出ている。
秋海棠はジャワならびに支那の原産であって Begonia Evansiana *Andr.* の学名を有し、またさらに *Begonia discolor* R. Br. ならびに *Begonia grandis* Dryand. の異名がある。

【牧野富太郎が訪れた山】

清澄山（きよすみやま）　所在地：千葉県　標高：350メートル
清澄山は千葉県大多喜町にある妙見山（みょうけんやま）を中心とした山塊の総称で、千葉県内では標高の高い部類に入る。山頂周辺は、日蓮上人ゆかりの清澄寺（せいちょうじ）があり、天然記念物の千年杉で有名。また、アジサイ、モリアオガエル、キヨスミシダレザクラなどでも有名で、ハイカーのみならず観光客でも賑わう。一帯はシイ、タブなどの原生林やスギの美林が広がる。また、東京大学農学部の演習林ともなっている。〔地図⑰〕

那智山（なちさん）　所在地：和歌山県　標高：966メートル（大雲取山（おおくもとりやま））
熊野那智大社を取り巻く大雲取山、烏帽子山（えぼしやま）、妙法山（みょうほうざん）など一群の山地の総称。

イスノキ、シイなどの広葉樹と針葉樹からなる混交林で、林床にはシダ植物やつる植物をはじめとする多様な植物が群生する。博物学者の南方熊楠がこの原生林で粘菌や動植物の調査を行ったとされる。吉野熊野国立公園に属し、2004年には紀伊山地の霊場と参詣道が世界遺産条約の文化遺産リストに登録された。〔地図㉜〕

〔箱根山〕

用便の功名

アスナロという植物がある。アスナロとはアスナロウで、明日はヒノキになろうといって成りかけてみたが、遂に成りおうせなかったといわれる常緑針葉樹だ。相州の箱根山や、野州の日光山へ行けば多く見られる。

　このアスナロの木の枝には、アスナロノヒジキといって、一種異様な寄生菌類の一種が着いて生活している。ヒジキという名がついてはいるが、海藻のように食用になるものではなく、単にその姿をヒジキに擬えたものに過ぎないのである。

　さて、この寄生菌そのものが、はじめて書物に書いてあるのは岩崎灌園の『本草図譜』であろう。即ち、その書の巻の九十にアスナロウノヤドリキとしてその図が出ている。けれども、その産地が記入してない。が、併しそれは多分野州日光山か、あるいは相州箱根山かの品を描写したものではないかと想像せられる。

明治の年になって、東京大学理科大学植物学教室の大久保三郎君が、これを明治十八、九年頃に相州箱根山で採って、それを明治二十年三月発行の『植物学雑誌』第一巻第二号に報告している。次いで明治二十二年に白井光太郎博士が同誌第三巻第二十九号に、更に詳細にこれを図説考証している。

このアスナロノヒジキについて面白い私の功名ばなしがある。それは、このアスナロノヒジキを相州箱根で採ったのは、右の大久保三郎君よりは私が一足先きであったことである。

即ちそれは明治十四年（一八八一）五月のことであった。私は東京から郷里へ戻る帰途この箱根山中にさしかかった。時に私は二十歳であった。

そして、その峠のところで尾籠（びろう）な話だが、たまたま大便を催したので、路傍の林中へはいって用を足しつつ、そこらを睨（ね）め廻していたら、つい眼前の木の枝に異様なものが着いているのを見つけた。用便をすませて、さっそくにその枝を折り取り、標品として土佐へ持ち帰り、これを日本紙の台紙に貼附（ちょうふ）しておいた。後ち、明治十七年（一八八四）になって再び東京へ出たとき、またそれを他の植物の標品と一緒に持参した。しかし、久しい前のことで、いまその標品はいずれかへ紛失して手許に残っていないのが残念である。

即ち、このアスナロノヒジキは、かくして私がはじめてこれを箱根で採ったのである。大久保君が、同山で採ったのは、それより六、七年も後のことで、明治十八、九年頃であったのである。

【牧野富太郎が訪れた山】

箱根山（はこねやま）　所在地：神奈川県　標高：1437メートル

箱根火山の最高峰。40万年前に始まった箱根火山の活動は、カルデラの形成でその晩年を迎えたが、今から2万年ほど前にカルデラの中央部に中央火口丘を噴出した。北から神山（かみやま）、駒ヶ岳、二子山と続く中央火口丘は、ほかのカルデラと比較して、その体積は飛び抜けて大きい。駒ヶ岳は草山だが、神山はブナやヒメシャラの茂る森林に覆われている。温暖で雨が多いため植物の種類は豊富で、箱根に固有の植物や箱根の名がつく動植物が生息している。〔地図⑱〕

〔箱根山〕

箱根の植物

箱根の植物はその地の接近せしゆえばかりでなく、太古よりその由来するところが同じとみえ、駿州富士山方面の植物と類似しおることは、これをその他の付近の植物に比すれば、いっそうはなはだしき点があるように感ずる。すなわち箱根・富士方面は植物分布上多少自ずから一区をなし、この両地が同じくもと火山であってその地勢が相似ているより、ここに適応して生ずる植物にも、同じものが多いわけならんと思う。そしてこれらの中にはこの土地でなければなかなか得難きものがあり、また他の地でも見出すことのできるものもあるが、植物分布あるいはその種類を調査しまたは玩味（がんみ）する人々に対して、箱根はすこぶる興味ある一区の一つに算（かぞ）えらるる。しかしこれを他の方面に比してその状態が非常に異なっており、またその植物の種類が多数群を絶って違っていると言い得るほど、特別に異采を放っているではないが、ともかくも植物についての箱根は一顧の価値ある土地の一つであると言ってさしつかえがない。しかし富士山よりははるかに低いから、その植物の分布も最高の処で灌木帯を出てはおらぬ。それゆえいわゆる高山植物の種類ははなはだ少なく、まことに寥々（りょうりょう）たるありさまである。

植物研究の歴史

箱根は植物上には歴史を有しておってすこぶる吾人に感興を与えるのである。すなわち西暦一千六百九十年、わが元禄三年、かのドイツ人 Engelbert Kaempfer 氏が始めて長崎へ来たり。その翌年の春、オランダ貢使（こうし）に従うて江戸へおもむく途次この箱根山を越え、山中にてははこねそうを見て、この草は婦人の産前産後に用いて薬効ありと教えしことがある。同氏帰国後、すなわち西暦一千七百十二年に出版した同氏の著『外国奇聞』(Amoenitarum Exoticarum) にはその八百九十ページに Fakkona Ksa として、箱根山に産し薬用になる由記載がしてある。このはこねぐさは羊歯（しだ）の一種で、本草家は従来これを『本草綱目（ほんぞうこうもく）』の石長生に当てているが、果して正しいかどうだか、わが邦の植物をこのごとき漢名で呼ぶことの嫌いな予には、いっこうにその当非を詮議したことがない。学術上の名称はAdiantum monochlamys *Eaton* である。このはこねそうは必ずしも箱根に限って生ずるわけではなく、その他諸州の山地に見るのであるが、この地にもまたこれを生じておったもんだから、たまたまこの遠来の珍客に認められたわけである。そしてこのはこねそうの名は、このときよりできたもので、また一つにこれをおらんだそうと呼ぶのは、かく洋人の首唱で世に出たからでもあろうが、この草の葉柄、葉軸ならびにその枝は紫黒色で光沢がある。これを束ねて小さきホウキを製する。これを「たまぼうき」と唱える。すなわち机上の雅品である。

次にかの有名なるLinné氏の高弟で医士兼植物家なるC. P. Thunberg氏が西暦一千七百七十五年、わが安永四年に長崎に来たり。その翌安永五年春またオランダ貢使とともに東海道の諸駅を過ぎついに箱根を越えて江戸に到着せしが、その箱根山を通過の際はその筋から特に徒歩を許されたそうだ。同氏は非常によろこんでその大峠の八里の間、左顧右眄（さこうべん）しきりに山中の植物を採集したということである。それゆえ同氏が一年間ほどもわが日本に滞留し、帰って著（あら）わした『日本植物志』（Flora Japonica. 西暦一千七百八十四年開版）の中には箱根（Fakona とあり）

の地名が、そこここに散見している。ことに同山に多きくろもじについてはその図まで掲げてあって、その記載文の始めの方にはKuro Mojiなる和名があり、またその終りにはわが邦人がその材にてつまようじを作ることが付記してあって、これにLindera umbellata *Thunb.* なる新学名が下してある。

しかるにその後の学者Siebold氏、Zuccarini氏、Blume氏、Meisner氏、Miquel氏、Franchet氏ならびにMaximowicz氏など、みなこのThunberg氏所有の植物をわが邦中部以南の山地に生ずるかなくぎのきと間違えて記述し、Maximowicz氏のごときは、上のごとくこのくろもじの学名があるにかかわらず上記のごとき誤謬（ごびゅう）に気が付かずして、さらに新しく箱根産の同じくろもじに、別の名称すなわちLindera hypoleuca *Maxim.* と名づけている。元来箱根にはかなくぎのきは生じておらぬのみならず、この木の材ではあえてつまようじを製することがない。くろもじの花は株によりては新葉の出ずる前に開くものもあるが、また新葉とともに出ずるものもありて一様ではない。Thunberg氏の図説したものは後者である。

学術と植物名

次に箱根は、横浜の開港場に近くかつ温泉場なるうえに山中には芦(あし)の湖の鏡を開くあり。付近には富嶽の矗立(ちくりゅう)してこの山に対するありて、その風光景致の凡でないところより、横浜ならびに横須賀に在留もしくは上陸せる西洋人のこの地に来たりしものが少なくない。中には同地の植物を採集せし Savatier, Bisset 等の諸氏などありて、これらの採集品はその後みなしかるべき植物専門家が検定してその種類を定め新名称を下せしものが少なくない。中には記念として箱根の地名がその植物の種名となりしものなどありて、植物社会の方でも自然にこの箱根が有名のものとなっている。その箱根の地名が種名となっているものには、こおとぎりの Hypericum hakonense *Franch, et Sav.* みやまふゆいちごの Rubus hakonensis *Franch, et Sav.* いわにんじんの Angelica hakonensis *Maxim.* ひながやつりの Cyperus hakonensis *Franch, et Sav.* はりすげ一品の Carex hakonensis *Franch, et Sav.* ならびにひめのがりやすの Calamagrostis hakonensis *Franch, et Sav.* などの種類の植物がある。これらの品はあえて箱根の特有品というのではないが、始めて検定命名者の眼に触れたものはこの箱根の採集品である。

理科大学の採集

ほぼ上に述べしごとき山であるから、わが帝国大学理科大学からも明治十年以後しばしばこの山に植物の採集を試みた。それゆえ只今も理科大学の標品室にはこれらの標品が保存されてある。近年でこそ大学ではあまりこの山に採集をしないが、以前はときどき職員を出張させたものであった。その中で最も同地の植物について趣味を持ち、ときどき行ってその所産の植物を採集研究せられしは、当時同大学に助教授を勤められた大久保三郎氏（大久保一翁の庶子）であった。同氏は同じく同大学の教授であった矢田部良吉氏（不幸にして相州の海に溺死せらる）の同地において採集せられたる植物の標本を基礎としてこれに自採の品種等を加え、箱根植物としてその目録を編纂（へんさん）し、これを『植物学雑誌』第一巻第一号より第四巻に亘る誌上で発表せられた。これか本邦人の同地植物の目録を発表した始めてのものである。これと前後して当時の博物局でも無論同地の植物を採集したのであるが、目録などは公になっていない。この大久保氏の目録によれば箱根産植物の大部分がうかがわれるが、しかしなお漏れたるものも少なくない。加うるにその学名などは、今日はだいぶ変更せられたものがある。

芦の湖の水草

芦の湖には種々なる水草が生じているが、その中で沈水して生活している顕花植物の種類に六種あることは予が明治十九年八月に同地に植物を採集せしとき知った種類であるが、なおよく精密に詮索したならさらに他の種類が発見さるるであろうと思う。ことに隠花植物中のしゃじくも属（Chara）ならびにふらすこも（ふつうにふらすもと呼べども、これはふらすこもと称すべきである）属（Nitella）の種類はきっと見出さるるであろう。

さて右の六種はくろも、せきしょうも（共にとちかがみ科の品）、いばらも（いばらも科の品）、せんにんも、ひろはのえびもならびにささえびも（ひるむしろ科の品）であって、この中のささえびもはこの時始めてこの箱根産のもので研究しささえびもの新称を下し、その後これにPotamogeton nipponicum *Makino* の新学名を命じたる一種である。その図説は『植物学雑誌』第一巻第一号ならびに拙著『日本植物志図篇』第一巻第九集に出ている。この種は今日ではこの箱根のほか、野州日光の湯の湖および信州野尻湖に産することが分かっているが、なおその他の湖にも無論これあるであろうと思う。またくろも以下の五種もこの湖の特産でなくその他にも諸処に産する。要するに沈水生顕花植物にはこの湖の特産物は一つもないのである。ゆえにこの湖はこれらの植物に対しては特状の記すべきなくその関係もはなはだ平凡である。

はこねの名を冠する植物

上の学術名に、hakonense あるいは hakonensis の記念種名を有するものを挙げたが、和名ではこねの名を冠するものには、はこねそう（前掲）、はこねうつぎ、はこねぎく、はこねだけ、ならびにはこねこめつつじ等がある。

これらの諸品はみな箱根と縁を有しているもので、中にははこねうつぎのごとくまたははこねそうのごとく必ずしも箱根がこれら植物の中心となっていないものもあるが、その他の品は箱根とはなはだ縁深きものである。たとえばはこねだけのごとき、山中おびただしくこれを生じその産額の豊富なる、ほとんど他にその比を見ぬほどである。もっともこの竹は広くわが邦の諸州に生じ東京付近の地なども無論その産区の一つである。しかし箱根方面ほどに繁殖はしていない。本品は主として壁の骨に使い、また団扇（うちわ）の柄、羅宇（らう）、筆管などを製するをもって、人間界に用途ははなはだ多きものである。めだけの一変種でめだけよりは稈（かん）も葉も小形である。学術上の名称は Arudinaria Simoni Riv. var. Chino Makino. である。

また、はこねこめつつじのごとき箱根以外には多くその産地を見ぬので、この地がその産区の中心となっている。ゆえに箱根には多くこれを産し、駒ヶ岳ならびに双子山などにはあえて珍しくない程たくさんに生えている。この種は小灌木であってしゃくなげ科に属し、つつじ属所属のこめつつじ（Rhododendron Tschonoskii Maxim.）に似てちょっと見分け難きほどであるが、これとはまったく異にして、別に特立の一属をなしている。その相違の主点は花中にある雄蕊（ゆうずい）の葯（やく）に存し、つつじ属のものはその葯の上端にある小孔より花粉を糝出（さんしゅつ）するけれども、このはこねこめつつじの方はその葯にこのごとき小孔がなくてふつうの植物の葯のごとく長く縦に裂けている。葯の開裂のこのごとき相違は植物を区別するうえについてははなはだ緊切なる識別点であるから、Maximowicz 氏はその著『東アジアしゃくなげ科植物篇』において、このはこねこめつつじを一新属の品種となし、これをつつじ属の外に特立せしめ、もって Tsusiophyllum Tanakae *Maxim.* と新称し、その図説を公にしている。またこの品の図は三好氏ならびに拙者合著の『日本高山植物図譜』第二巻第四十三図版にも出ている。その種名なる Tanakae は田中芳男氏の名誉のためその姓を取りしものである。しかしてこの植物は箱根山の名産と称してよろしい一種である。

またはこねぎくはみやまぎくのことで、これは野州の日光にも生ずるが、ことに箱根の駒ヶ岳などに多い。こんきく属なるやましろぎくの一変種である。その頭花は総苞(そうほう)が粘着するからすぐ分かる。またその葉も茎も小形でかつ往々叢生(そうせい)している。学名は Aster trinervius *Roxb.* var. viscidulus *Makino* である。始めこれを Aster Maackii *Regel.* に当てたことがあったが、後精検の結果その種でないことが分かり、すなわち今の学名に改めたのである。

上に算えて挙げた種名に hakonense あるいは hakonensis の地名を有するものの中に Cyperus hakonensis *Franch, et Sav.* すなわちひながやつりがあったが、この一変種に Var. vulcanicus *Franch, et Sav.* すなわちこひながやつりと呼ぶものがある。

この品は箱根の大地獄の硫黄土のところに生ずるが、もとSavatier氏が採集したもので、予もまた明治十九年にこれを採集した。このごとき火山質のところに生ずるからvulcanicus（火山）の名称を付したものである。

この大地獄で面白きことはここにみずすぎ、すなわちLycopodium cernuum *L.* の生ずることである。元来この植物は広く熱帯地に生ずる品であるが、わが邦では南方暖帯地よりなお温帯地まで広がりて生じている。しかし箱根辺の地はもはややあまり北すぎて気候が寒いから、通常の場所には無論これを生ぜぬが、独りこの大地獄に限りて生じている。これはこの大地獄がかのごとく熱蒸気が噴出し熱水が湧出してことのほか熱度が高いからである。このごとく、この地に生ずべからざる本種がここに生じおることは箱根にとりてははなはだ面白き現象である。なおこのごとき例を他に求めなば、本種は信州中房温泉場にも生じ、またさらに遠く北して北海道胆振国の登別温泉場にもこれが生えている。たとえ温度高き温泉場にせよ、元来熱帯産なる本種を北海道に見ることはじつに珍中の珍なるものである。とてもふつうの地では生活のできぬものが、このごとく温泉場の暖かき地点を選んでわずかに余命を保ちつつある状は、また一顧に値すべきものである。

芦の湯付近の地において一種小形の羊歯（しだ）が発見採集せられたことがある。これを発見採集せられたのは大久保三郎氏であったから、矢田部良吉氏が記念のためその種名に大久保氏の姓を選ばれた新学名 Polypodium Okuboi *Yatabe* ならびにおおくぼしだの新和名をこの羊歯に命じてその図説を公にしたのは『植物学雑誌』第五巻第四十八号で、時は明治二十四年二月であった。当時この羊歯はきわめて稀少の奇品と認められ、しばしば吾人の話題に上ったことがあった。幾年かの後、この羊歯が富士山大宮口の深林樹上に採集せらるるにおよんで、箱根以外の地にもまたこれを生ずることが分かった。そこで予はさらによくこれを精査してみたところが、この羊歯は広く東西両半球の熱帯地に産する Polypodium trichomanoides *Swartz.* と同種であるということが分かった。それから後近年におよんで四国ならびに九州方面から続々これを見出し、これらの暖地に生ずるものは箱根産のものよりその形体の大なるもの多く、畢竟（ひっきょう）箱根は本種の最北極端の一産地であるということが明らかになってきた。しかるに当時の博物局のこの学者は明治十年、とくこれを紀州牟婁（むろ）郡の地に見出して「今回発検の一にして珍草と称すべき者なり」と唱え、これにこけしだ一名なんきんこしだ、むかでしだ、ひめこしだ、ようらくしだの新和名を付したのであった。この発見は大久保氏のそれより少しく早かった。

いま一つ羊歯で珍しきものはからくさしだである。これは始め土佐で発見せられた小羊歯であるが、その後箱根にも産することが分かった。学名は Gymnogramme Makinoi *Maxim.* である。また Bisset 氏が宮の下で採集した一羊歯があって、英国の J. G. Baker 氏がこれに Nephrodium Bissetianum *Baker* の学名を与えた。この羊歯は今その形状を検するに、しのぶかぐまと同じものでないかと思われる。

箱根より富士方面へかけて特産と思わるるものは、みやまにんじんと称する繖(さん)形(けい)科の一種であって、学名を Angelica Florenti *Franch.* et *Sav.* と称(とな)える。この種は高さ一尺内外の多年生草本で葉は細裂し花は繖形をなし、その全体の状がはなはだよくしらねにんじん、すなわち Cnidium ajanense *Drude.* に似ている。それゆえ従来この両種が混淆(こんこう)しておった。そして箱根にはこのしらねにんじんはなくて、ただみやまにんじんのみがあるばかりであるから、従来しらねにんじんと呼びたる箱根産品はみなこのみやまにんじんに改めねばならぬ。このみやまにんじんの果実には翼があるから、それさえ見ればすぐこれをしらねにんじんと分かつことができる。なおくわしく言えば、みやまにんじんの果実は前後に圧扁（あっぺん）せられているが、しらねにんじんの方はその形がやや長くして少しく左右に圧扁せられている。

　このみやまにんじんに次いで山中にて注意すべきものはたてやまぎくである。この品も箱根が中心になっているだけありて山中に多く生える。こんきく属の一種で花色白く、その葉はおおばよめなの態があるがおおばよめなの花には冠毛がないからすぐ分かるのみならず、箱根山にはこのおおばよめなは産せぬのである。たてやまぎくの葉は株によりて分裂せるものとしからざるものとありて、両形を具（そな）えている。しかし一株上に両形の葉が出るのではない。その学名 Aster dimorphophyllus *Franch. et Sav.* の種名はその葉に基づいて両形葉の意味ある言葉を用いたものである。

　山中にかなうつぎと称する落葉灌木があって学名を Stephanandra Tanakae *Franch. et Sav.* と称える。葉は浅く三裂して托葉があり、花は白色細小で細長なる枝端に短き穂をなして開くのである。この品は富士方面にも広がりまた遠く上州ならびに紀州にも産するが、しかし箱根方面がその産地の中心である。この種名Tanakae もまた田中芳男氏の姓を取ったものであって、箱根植物と田中芳男氏とはよく関係を有している。これは同氏がかつてこの地方で採集したる標品を、一面には当時横須賀在留の洋医 Savatier 氏に贈り、氏よりは右の学名の命名者なる仏国の Franchet 氏にこれを転送せしより、命名者はこれを田中氏名誉のためその姓を種名に用い、また田中氏の標品は一面には露国の Maximowicz 氏の手に渡り同氏もまた田中氏の名誉のために、前のはこねこめつつじにおけるがごとく、その姓を種名に用いたためである。

雁皮紙と箱根と関係があることは、雁皮紙を造る原料植物が箱根に産するからである。しかし製紙は伊豆方面の原料でなされ箱根にはただその原料の植物があるばかりである。元来雁皮紙を造る原料植物に二種ありて、共にじんちょうげ科に属する。すなわち一つはがんぴ、すなわち Wikstroemia sikokiana *Franch. et Sav.* であって、これは箱根辺にはなく四国に産するのである。一つはさくらがんぴ、一名ひめがんぴと称するもので、学名を Wikstroemia pauciflora *Franch. et Sav.* と呼ぶ。これがすなわち箱根に産する品種で、南は伊豆の熱海辺にも生ずるのである。小灌木でその葉に細毛あり、冬月は落葉し花は丁子咲にて四裂し黄色である。樹皮の繊維がはなはだ精緻で強靱であるから従うて良好の紙が製せらるるのである。

禾本科の一種によしくさと呼ぶものがあって、これも箱根がその産地の中心である。Phragmites macer *Munro.* の学名を有し、花戸ではうらはぐさと呼んで盆栽にしてある。多年生草本でその葉がみな裏面を天に向け、表面を地面に向けているのであるから、うらはぐさ（すなわち裏葉草の意）はこの草に対してはなはだ良き名称である。このごとくその葉が上下転倒され、真正の裏面は上となりて天に向かい常に日光を浴びるために葉緑の豊富を致し、真正の表面の方は地面に向かってこれに背くためにその色がかえって薄くなっている。これと同様なる例は同じくこの箱根に産するひめのがりやす、すなわち Calamagrostis hakonensis *Franch. et Sav.* の葉にも認めらるる。この Calamagrostis 属すなわちのがりやす属の諸種の葉はたいてい右と同じき状態を有しており、また四国・中国辺に産するたきさびすなわち Phaenosperma globosum *Maxim.* の葉もまたいちじるしき例の一つである。

なお箱根にあって注意すべきものにおやましもつけがある。これはしもつけの一変種でその葉が母種のしもつけよりは小形である。学名を Spiraea japonica *L. fil.* var. alpina *Maxim.* と称える。この他さくらそう科のこいわざくら (Primula Reinii *Franch. et Sav.*)、あやめ科のひめしゃが (Iris gracilipes A. Gray.)、らん科のおのえらん (Orchis Chondradania *Makino*)、いわうめ科のひめいわかがみ (Schizocodon soldanelloides *Sieb. et Zucc.* var. ilicifolius *Makino*) 等もこの箱根とは縁の深き植物である。また箱根権現神社の林中に、のしゅんぎく一名みやまよめなと称するものがあって、天然に生じている。この品が人家に培養されて花を賞せらるるのしゅんぎくであるが、箱根にはこのごとくその天然生がある。東京では通常あずまぎくと呼んでいるが、これは植物学界の人の称するあずまぎくではない。本邦の特産であって、Aster Savatieri *Makino* の学名を有している。また五葉あけびと称するものがあって箱根宿の西端辺で見たことがある。この品はこの地の特有ではないが、これはあけびとみつばあけびとの間に天然にできた一間種であるから面白い。葉は小葉が四、五片あるが、その大小がはなはだ懸隔（けんかく）しており、かつ葉縁に往々波状の粗歯がある。花穂の大小、花の大小色彩などもあたかもあけびとみつばあけびとの中間になっておって、これを見ればなるほど上の両種の中間に位する品種であるということが首肯さるる。このごとく天然にできた間種を見得ることは容易でないが、この品は上に話せしごとく、その母種の形貌を兼ねそなえているから、この方面の事実を調査する人々にとってはまことに好材料の一つである。

また山中に、いわなんてんと称する小灌木が処々に見らるる。これはしゃくなげ科の一種であって、これも同じくこの山中に多き一灌木はなひりのきと同属である。いわなんてんは常緑であって、その葉は三冬の候にも落ちない。通常岩の上に生じてその枝が上より垂れ、これに葉の付きたる状がなんてんの葉に髣髴しているより、いわなんてんと呼ぶのである。盆栽としてすこぶる雅致があるから、往々これを好事家のもとに見ることがある。またはなひりのきは冬月落葉し、花は小形にして見るに足らぬが、この葉を粉となし鼻に入るればくしゃみをするゆえにはなひりのきと呼ばれている。はなひりとはくしゃみの古語である。この二品あえて箱根特有というべきではないが、この山中には多く生じておって、ことに植物の採集家を悦ばすのである。
箱根山中にて最も豊富に繁茂しているものはすすきであって、その山の円(まる)みを帯びたる隆処、その撓(たわ)み込みたる凹所、いたるところこれを見ざるはないほどである。なお終りにこの地でつたと称する挽物(ひきもの)について略記せんに、これはぶなのき、そろのき、かえで、えのきまたはとちのき等の材を朽ちさせて、これに紋理を生ぜしめたもので、これを挽きて箱、盆、皿、玩具等を製するのである。これは伊豆の熱海でも同じく細工に使っている。

【牧野富太郎が訪れた山】
箱根山(はこねやま)↓83ページ

〔富士山、小室山〕

漫談・火山を割く

人は能く（この頃ヨクという場合に能く良の字を書いて平気でいるが、ヨクはどんな場合でも良の字でいいというわけのものではないくらいのことは、筆を持つ人は心得ていなければ人に笑われても怒る資格はない）希望に満ちた新年だと言う。ボクだってそうじゃないノ、希望のない人間は動いていても死んでいらア。そんなら君の希望はどんなものかと聴かれたらまずザット次のようなものだと答える。しかしこれはボクの希望の九牛の一毛であることだけは承知して貰いたい。どうも牧野もボツボツ松沢ものになりかけてきたようだ。

富士山の美容を整える

その希望の一つは何んであるかというと富士山の姿をもっと佳くする事だ。富士山を眺めるとだれでも眼に着くが東の横に一つの瘤（こぶ）があるだろう、あれはすなわち宝永山だ。人の顔にコブがあって醜いと同じことで、富士にもコブがあっては見っともよくない。元来あのコブの宝永山は昔は無かったものだが、今から二百三十年前の宝永四年にアンナ事になっちゃった。考えてみるとそのコブの出来る前はもっと富士の姿が佳かったに違いないが不幸にしてあんなものが出来たから悪くなった。

そこで私は富士山の容姿をもと通りに佳くするためにアノ宝永山を取り除いてやりたいと思う。それは訳のない事で、もともと富士の側面の石礫岩塊（せきれきがんかい）が爆発のために下の方に噴かれ飛んでそれが積もって宝永山のコブと成り、これと反対にその爆発口は窪んで大穴となっているからその宝永山を成している石礫岩塊をもと通りにその窪みの穴に掻き入れたらそれで宜しいのだ。そうすると跡方もなくコブも無くなり、同時にその窪みも無くなって、富士の姿が端然と佳くなるのである。姿の佳いのは姿の悪いのよりはよい位の事はだれでも知っているでしょう。そうなりゃどんな人でも私のこの企てに異議はなく皆々原案賛成と来るでしょう。

近頃は美容術が盛んで方々に美容院が出来、女ばかりでなく随分男の人までもそこへ出入する時世だから、富士の山へも流行の美容術を施してやる思い遣りがあってもしかるべきだ。そして世人をアットいわせるのも面白いじゃないかね。やるならこの位の事をやって見せぬと大向こうがヤンヤと囃してハシャガナイ。右はとてもイイ案でしょう。

ところが、いよいよそれをやるとなると〇がいる。もしも私が三井、岩崎の富を持っていたらそれを実現させてみせるけれど、悲しい哉、命なる哉、私はルンペン同様な素寒貧であれば、どうも幾らとつおいつ考えて見ても、とても一生のうちにそれを実行する事は思いも寄らない。仕方がないから、この良策は後の世の太っ腹な人に譲るとしよう。

山を半分に縦割りする

次に私の希望は一つの山を半分に縦に割って、その半分の岩塊をまったく取り除いてみたい。つまり山を半分にするのダ。これをやるには大きな山はとても仕方がないからなるべく小さい孤立した山を選びたい。それには伊豆の小室山がもってこいだ。これなら実行の可能性が充分ある。その上それが休火山ときているからなおよろしい。

さていよいよそれが半分になったと仮定してみたまえ。その山はもと火山であるから、これを縦に割ればその山の成り立ちや組織などが判然し火山学、岩石学、地質学などに対しどれほどよい研究材料を提供するかしれない。かの有名なジャバのクラカトアの火山が半分ケシ飛んでいるが、マーそんなものになるわけだ。クラカトアの方は強烈な天然の爆発力であのようになったが、われはそれを人間わざでいこうというのダ。まだ今日まで世界広しといえどもこんなことをしたことはどこにもなかろう。それを学術のために日本人がしでかそうというのはほめた話であると言ってよい。

マー試みに一度やってみたまえ。それは珍しいと、内地人はもとより西洋から来る観光客はワッワッと言って見物に行くにきまっている。それが評判になってこのことが宇内各国に知れ渡れば、ますます諸国の学者なども見学にやって来て賑わう。そこへ鉄道の支線をつくれば鉄道省ももうかるし、また観光局の御役人の顔の色もツヤツヤする。かくこの山を半截したおかげで外来見物人から金が日本に落ち、国の富が殖えるという寸法。なんと好い奇策ではないか。そしてその崩した土塊岩塊石礫はどこかその近傍の海を埋めたてることに使用すれば何百町歩の新地が期せずしてでき、こんな結構なことはまたとあるまい、やってみると面白いがナー。

もう一度大地震に逢いたい

次の希望、これは甚だ物騒な話であるが、私はもう一度かの大正十二年九月一日にあったようなこの前の大地震に出逢って見たいと祈っている。

この地震の時は私は東京渋谷のわが家にいて、その揺っている間は八畳座敷の中央で（この日は暑かったので猿股一つの裸になって植物の標品を覧ていた）どんな具合に揺れるか知らんとそれを味わいつつ坐っていて、ただその仕舞際にチョット庭に出たら地震がすんだのでどうも呆気ない気がした。その震い方を味わいつつあった時、家のギシギシ動く騒がしさに気を取られそれを見ていたので、体に感じた肝腎要めの揺れ方がどうも今はっきり記憶していない。何をいえ地が四、五寸もの間左右に急激に揺れたからその揺れ方を確かと覚えていなければならん筈だのに、それを左程覚えていないのがとても残念でたまらない。

それ故もう一度アンナ地震に逢ってその揺れ加減を体験してみたいと思っているが、これは事によるとわが一生のうちにまた出逢わないとも限らないから、そう失望したもんでもあるまい。今頃は相模洋の海底でポツポツその用意に取り掛っているのであろう。

富士山の大爆発

また富士山へもどるが、私はこの富士山がどうか一つ大爆発をやってくれないかと期待している次第だ。

だれもが知ってるように、富士山は火山であって有史以前は時々爆発した事があった訳だが、有史後はそれがたまにあった位だ。今日では一向に静まり返ってウンともスンとも音がしないが、元来が火山であってみれば何時持ち前のカンシャクが突発しないとだれがそれを請合えよう。しかし少し位のドドンでは興が薄いが、それが大爆発と来て多量の熔岩を山一面に流すとなれば、それはそれはとても壮観至極なものであろう。もし夜中に遠近からこれを望めば、その山全体に流れる熔岩のため闇に紅の富士山を浮き出させ、たちまち壮絶の奇景を現出するのであろう。

そこが見ものだ、それが見たいのだ。山下の民に被害の無い程度で上のような大爆発をやってくれぬものかと私は窃(ひそか)にそれを希望し、さくや姫にも祈願し、一生のうちに一度でもよいからそれが見えれば、私の往生は疑いもなく安楽至極で冥土の旅路もなんの障りもないであろう。

【牧野富太郎が訪れた山】

富士山(ふじさん)　所在地：山梨県・静岡県　標高：3776メートル
日本随一の高さを誇り、いずれの方向から眺めても円錐形の均整のとれた姿は美しく、年間を通して人々の目を楽しませてくれる。典型的な成層火山で、頂上には深さ220メートルほどの火口があり、その南西側に最高点の剣ヶ峰がある。噴火が繰り返しあったこと、独立峰であることなどが関係し、独自の高山植物が生育している。特に富士山に多く見られる植物にはフジアザミ、フジイバラなど名前に「フジ」が付けられている。〔地図㉑〕

小室山（こむろやま）　所在地：静岡県　標高：321メートル

伊豆半島東部にある小型の火山で、およそ1万5000年前の噴火によってスコリア（マグマが吹き上げられて飛散冷却してできる岩塊。玄武岩質の黒っぽい色をした軽石）が火口の周りに降り積もってできたスコリア丘（きゅう）である。山頂には遊歩道が設置され、富士山、相模灘、房総半島や伊豆七島、天城連山などを望める。山頂周辺および北西山麓にある小室山公園にはつばきやつつじが植栽されており、春には見事な風景が広がる。〔地図㉘〕

〔富士山〕

富士登山と植物

富士山は有史以前までは永く噴火し、またときどき大爆発したこともあった。この山は気長く噴火を続けてそろそろと動作していたものに違いない。しかして人間の憤怒を発するようにときどきすごい爆発をしたものである。そのときに流れた熔岩が富士のある方面で固まり固まりした跡が今日充分に見られる。このように永い永い間気長くゆるゆる噴火して、噴出物を投げ出し投げ出ししたものであるから、それがだんだん積もり積もりして、ついに今日に見るような八面玲瓏（れいろう）な高き山となったのである。

日本の歴史ができた時分にはもう噴火が非常に弱っておった。それでも絶対に止まったのではなかったが、その後年を経るに従うてついに終熄（しゅうそく）してしまった。歴史の説くところによってみると、孝霊天皇の時に富士山が一夜にして湧出したとあるが、そんなことはないと思う。たぶんそのときは非常にすごい噴火でもあって、東海の天が大いに荒れて、富士の旧観を改めたようなことがあったかもしれない。まだ開けぬ時代のことであるから驚愕のあまり、富士が一夜の間に出たと言ったかもしれない。隣の箱根のごときは富士山よりはずっと以前にその噴火が終熄したものであるが、富士山はそれよりずっとおくれて終熄したものである。それゆえ富士山は比較的新しい山であって、新しい山だけに植物の種類も少ないわけである。じつに富士は世界に名高い山である。その形の秀麗なることはまったく三国一ばかりでなく、じつに世界一である。けれども前に言うとおり、続いて永く噴火し、ときどき熔岩を流し、また熱石を噴出してたえず山面を新しくしたものであるから、他の高山に比べて植物の少ない方である。また高山としてなければならぬ植物が、富士に欠けているものがある。はいまつがない。がんこうらんがない。他の諸高山にはかの雷鳥が棲んでいる。はいまつがたくさんある。がんこうらんは灌木性の常緑植物であるが、これが諸所の高山にはよく生じているけれども富士にはない。これらをもってみても、富士の比較的新しい山であるということが分かる。

ところが富士は四面玲瓏八朶芙蓉など形容するだけあって山型がきわめて単純であるから、植物帯の分布が非常に規則正しくなっている。すなわち植物帯がじつに順序正しく山の周囲を廻って生えている。それゆえ植物帯を見るには富士山が最もよろしい。他の山はこの点においてはとうてい富士山におよばない。今その植物帯のことをちょっと話すと、まずふつう山の麓を山麓帯と称え、そこには主にふつうの草が生えている。少しく登ると森林帯となる。そこには樅の類がたいへん繁殖しておって大きな森林を形づくる。その上が灌木帯となる。富士の灌木帯はみやまはんのき、だけかんばなどが生えている。さらに登ると草本帯というのになる。そこには高山植物が繁茂している。さらに登るとふつうの植物はなくなる。ただ地衣・蘚苔の類があるだけである。ふつうの草木は前述の草本帯で尽きているが、地衣・蘚苔類はこのごとく山頂にいたるも生じている。地衣も蘚苔も植物のうちであるから、ふつうの草木は富士の絶頂にないとは言えるがしかし植物が富士の絶頂にないとは決して言えない。富士山はかように植物帯の分布が規則正しいのであるから、そういうことを研究しようという人はまず富士に登るがよいのである。

植物帯の分布のうえからいうと、富士はじつに規則正しいのであるが、植物繁殖のうえからいうと、他の高山と同様南側よりは北側の方が繁殖がよいのである。富士は北側は陰の方に向かっておって南側より植物がわりあいに豊富になっている。これがまず富士の植物の大観である。

それから植物の種類の分布からいうと、富士の植物は他の諸高山に比してさほど特別な種類があるというわけではない。やはり他にある植物は富士にもあり、富士にある植物は他にもあるわけである。しかし九州の端とか北海道の果てとか極端にある諸山に比ぶれば無論異なった種類も少なくないがまず近傍の山、信州の山、野州の山などに比ぶれば、そういちじるしく異なった種類は少ないのである。しかしまた富士に特有のものが絶対にないというわけではない。また中には富士に接近した箱根山と両方には共通にあるが、富士から遠く離れた山にはないものがある。総体富士山は比較的近年まで永く続いて噴火した結果、山が新しくて山の大きくかつ高きわりあいには植物の種類が少ないのであるが、しかし少ないといってもこれは他の諸高山に比して言ったもので、高山としては相応に種々の種類が生じているのである。

今度は富士において注意すべき植物のことを話そう。まず第一に、日本であまり他処(よそ)にない植物が富士に一つある。それはむらさきもめんづるで、これは黄耆(おうぎ)の種類である。黄耆は支那の薬草であるがその黄耆に似ているので、むらさきもめんづるを一名富士黄耆と称える。これは砂の中に生えて根は往々たいへん大きくなっている。豆の類で葉は羽状をなしている。花が紫色でこれが鮮緑色の葉の間へ咲いているのはたいそう綺麗である。これを園芸植物としたら非常によいと思う。しかしこれは日本特有のものではなく、シベリア地方にはこの植物があるが日本の領地には富士よりほかに滅多にない。

次に富士で注意すべき植物は、ふじあざみである。この品は日本にある薊(あざみ)のうちの一番大きいもので、ほとんど世界の中でも大きい種類の一つであろう。花の直径が二寸もある。葉も強大で刺(とげ)があってこれが四方に拡がっている様はすこぶる勇壮に見える。その根を富士牛蒡(ごぼう)と称し、掘り取って食用に供している。このあざみは富士ばかりではなく日光にもあり、信州にもある。とにかくふつうの種類ではなく珍しいもので、またその巨大なる点は富士山とふさわしいのである。

富士はいたざおは馬返し辺から六合目の間の砂地に生えている。これははたざお属の一種である。格別綺麗な花が咲くわけではないが、富士山よりほかにはあまり見当たらないものである。盆栽にしたらよいと思う。

おんたでというものがある。たでの一種で上は四、五合目辺まで生じている強き草である。このものは学問上から見るとたいへん面白いことは、この植物は非常に根の長いものである。なぜに根が長いのかというに、山の上には養分が少ないから根を長く引っ張って養分をよけいに取ってこなければならぬ必要がある。また高山は風が強いから根が張っていなければ吹きとばされる憂いがある。それゆえ根が張って深くなっている。また高い山になると冬は雪が降るからずいぶん寒い。生命を保つには養分をよけいに蓄えなければならぬ。そういうわけで長い根になると一丈以上もあるのである。下に向かって深く突込んでいる。こういうことをよくよく注意しつつ山に登り、ただ表面をのみ観察せず植物の根を掘ってまで検査し、細かく観察するとなかなか有益にして面白いものである。

こけももも富士の上でよく見る。これはごく小さい灌木で、冬も葉があってそれに赤い実ができる。それを里人が取って塩漬けにして食し、また「ジャム」や羊羹などに製して売っている。このこけももはまた一つにはまなしとも称するが、海浜でなく山の上であるのにはま（浜）という名を冠するのは変なものだとだんだん考えてみると、富士のごとき高山の上には砂利がたくさんあってあたかも海浜のような観をなしているので、加賀の白山などには頂上に御浜と称する所があるくらいで、やはり富士の砂利のある所へ生えていて実がじくじくして柔らかいからはまなしと言うのであろう。この植物は日本に限ったものではなく、世界いたる所の高山にある。たいへん広く世界に行きわたっている植物である。

しろばなへびいちご、これは白い花の咲くいちごで、西洋の和蘭（オランダ）いちごの属で日本特有のものである。園芸家などでこれを改良したら甘い果実が得られるので、そのうえこの果実には一種の香気があって形は大きくはないが、色といい味といい香といい、はなはだ棄て難く思うのである。また庭などへ植えると最も体裁がよい。また花は梅咲きですこぶる可愛らしい。世の人が山へ登るには、なるべくそういう学術的眼孔をもって観察しなければならぬ。

ふじまつ、これは落葉松（からまつ）でだれでも知っているものであるが、これも学術的眼孔をもって観察すると非常に面白いのである。それは山の水がぬけて崖が崩れて赤裸になった付近へは必ずまずこの松が生える。それゆえ富士などでも下の方でこの松の生えているのを見ると、昔この辺が崩れて森林が裸になったということを証拠立てることができる。ゆえにこの松林を見て、単に松林があるなと思うだけでは面白くない。ははあ、ここはもと山崩れのあった所だな、山火事があって山が裸になった所だなと考証するようにしなくてはならぬ。すなわちときに森林の中に落葉松があれば、もと裸であった所だと考えるようにしなければならぬ。

次にたかねばら、これは薔薇の一種でたいへん綺麗な花が咲くので、他にあまりないが富士にはたくさんある。これは園芸植物として非常によいもので、まだ世人はこれを採って園芸植物としていないが、これらを採ってきて園芸植物としたならばすこぶる面白いのである。

次にふじざくら、これは一つにまめざくらと称する。だいぶ東京あたりへも持ってきている。わりあいに綺麗な花が咲く。五月ごろ富士へ登ればこの花の盛りでなかなか立派である。このふじざくらの一変種に萼（がく）の色がまったく緑色なものがある。これは御殿場の実業学校長の山出半次郎氏が発見されてまったく珍しいものだから「緑桜（みどりざくら）」一名「緑萼桜（りょくがくざくら）」と私が名づけて世間へ発表しておいた。学名は山出氏の名を取ってプルヌス・インシサ・ヤマデイと名づけた（これは私の経営している『植物研究雑誌』で発表した)。

ふじいばら、これも私の名づけたもので白い花が咲く。樹は直径一寸くらいになる。これは箱根にもたくさんあるが、富士には最もたくさんあるのでふじいばらと名づけたのである。

ふじおとぎりは富士に特有な品であって、可憐な黄花が咲く。これはふつうのおとぎり草の一種であって叢生している。ふつうのおとぎり草はどこにもあるが、このおとぎり草という名の出所が振るっている。昔ある鷹匠がこの草が鷹の薬になるというので秘密にしていたところがその弟がこの秘密を他へ洩らしたので、兄が怒って弟を斬った。そこでおとぎり草というのであるとのことだ。

また富士に産するものでおにくというものがある。富士で売っている。薬用になる。これを一つにきむらたけと呼ばるる。この品は富士ばかりでなく野州日光の金精峠にもたくさんあって、そこには男の生殖器を祭った金精大明神という神様がある。それゆえこの峠を金精峠と呼ばるる。このおにくがこの山にも生ずるから、きんまらたけという意味でこれをきむらたけと言ったものだ。この植物はみやまはんのきの林の中にたくさん生えておってその根に寄生している。長さが一尺内外もある。昔の本草家はこれを肉蓯蓉（支那の植物）と同様に思っていたところが、今日ではそれとはまったく違うものであるということが分かった。このおにくはどういうものか猫がたいそう好く。猫はまたたびを好くことはだれも知っているが、このおにくを好くことはあまり人が知らない。人間にも薬用になると称せられているが何かに効くかも知れない。おにくは日本の特産ではなくてまたシベリア方面でも産する。

【牧野富太郎が訪れた山】

富士山↓109ページ

〔立山〕

越中立山のハギ

越中立山の登り道の立山温泉の前にあるハギを、先年その花の咲いている場所で、新たにこれをタテヤマハギと名づけたが、それは、その花が極めて美しく、見事なものであった。右のハギの花が、余りにも美麗であったゆえ、私は左の感吟を敢えてしてみた。

立山の萩の本種麗わしく、咲き誇りたる立山の秋

このハギの苗を、立山から採ってきて、東京・東大泉町の自庭に移植してみたが、よく育たず、枯れたので更にこれを越中富山にいる友人、進野久五郎君に頼んで、採って送って貰ったところ、充分に繁殖せずして、同じく枯れてしまったのは、残念であった。

【牧野富太郎が訪れた山】

立山　所在地：富山県　標高：3015メートル

別名大汝山。ふつう立山と呼ぶ場合、雄山神社を祭る雄山か、浄土山、雄山、別山を含めた立山三山を指す。白山とともに北陸の霊山として古くから信仰されていた。雄山北西山腹にある山崎カール（氷河地形の一種）は天然記念物に指定されている。立山の名のついた高山植物も多く、また特別天然記念物のライチョウ、カモシカが生息するなど豊かな自然に恵まれている。〔地図⑲〕

〔金精峠、立山、白山、御嶽山など〕

二、三の高山植物について話す

日本旅行協会の御方から何か高山植物につき通俗的にその話を書けとの事で御請合わしたものの、その期間に種々なる事柄が起こってほとんど寸隙なく御請けしたのを後悔したが、もはや追付かず僅かにその間の時間を利用して誠につまらぬものを書き綴りその責を塞いだものが次の通りである。仕方なしにこのマズイ御話しを諸君に御薦めする次第で何ともはや恐縮の外ないのです。

コマクサ（ケシ科）

可憐な宿根草で高山の石礫間に生え草の中などにはない。その葉は細裂しそれが白緑色を呈しているので、すこぶる目立って見える。花梗は葉よりは高く出で末に数花を着けて開くが、それが丁度鯛でも釣っているような姿をしており、紅色ですこぶる優しく美しい。この草は信州御嶽の名物で昔は同山にも沢山あったのだが、今日（こんにち）ではもはやとっくに採り尽くしてしまった。しかし同山では山上の神社でこれをオコマグサと唱え、その干（かわ）かしたものを神草として参詣者に受けさせているが、今日（こんにち）では他山からこの御嶽へ輸入している有様である。形状といい色といい、その姿が常（つね）の草と違い変わっていて珍しいので、そこで往時これを神草として勿体をつけ有り難く信者に受けさせる事を始めたものであろう。他の山ではこんな事はないからこれはここの専売みたようなものである。難有連（ありがたれん）は若干の御賽銭を奉納してこれを受ける。薬効としては別に何にもないようである。下界の草にケマンソウと云うものがあって支那の名を荷包牡丹（けまんぼたん）と称する処（ところ）によりタイツリソウ（鯛釣草）の名もあるが、コマクサはこの草と同属であるからその花の形や色や又（また）その気分が両者よく相似（あいに）ている。

コマクサは前にはなかなか作りにくい草とせられていたが、今日（こんにち）では盆栽で仕立て花も咲かすほどになっている。

ヒメウスユキソウ一名ミヤマウスユキソウ（キク科）

高山のみに生える宿根草で一処に固まって生じ、高さ数寸の小草である。全体に白毛を被ぶり見たところすこぶる白いので、緑草の間に在って異彩を放っている。茎には疎らに葉を生じ茎頂にその花が集まっていてその周囲に射出する苞葉は花群よりは長い。この草は欧洲アルプスに在る、かの有名なエーデル・ワイスに似ているので、ことに人の注意を惹く草である。

クルマユリ（ユリ科）

我日本には種々の百合があって世界的に有名である。その中で高山に生える品にクルマユリというのがある。葉が茎に車輪のように出ているのでその名がある。茎の高さは一尺内外より高きものは二尺以上にも成長する。地中にはたま根があって白色の鱗片が多数固まって球をなして居る。花は茎梢に少なきはただ一個、多きものは数花が咲く。花は下向きに開き花蓋片六片で赤色を呈し、弁内に黒点を撒布する。それが緑草の間に赤花を開いている時はだれにでも目に着き、掘って家に持ち帰りたくなるものである。

クロユリ（ユリ科）

昔、黒百合佐々を滅ぼすと書かれて越中で佐々成政と関係のあるように唱えられているのは、稗史家が一工夫した説話であろう。この草はユリの名があり又ユリに似ていれども、元来はユリの類のものでなく全く別属のものではあるが、しかし相近き姉妹品である。即ちユリはリリウム属であるが、これはフリチラリア属である。かの花屋に売っているバイモ（貝母）と同属であるから、色こそ違えその花を両方比べてみると相似た点があるので首肯かれる。クロユリも地中にユリの根に似た白色のたま根がある。これがころころに分かれると仔苗を生ずる。花はユリの花と同じく六花蓋弁から成るがその色は黒ずんだ濃き紫である。それ故にクロユリというがしかし真の黒色ではない。葉もユリのような形状をしていて下の葉は茎に輪生している。

シロバナシャクナゲ（シャクナゲ科）

ハクサンシャクナゲと謂わるる加賀の白山に因んだ名であるが、しかしこれは白山でなくても諸州の高山には大抵いずれにも能く見られる。シロバナの名はあれど、これは紅花を開く普通のシャクナゲの花に対しての名で絶体の白色の意味ではない。それ故、多少は花に紅色を帯びているのが普通である。その色に濃淡があって濃いものはかなりそれが紅色を呈している。そんなものを見るとそれがどうしてシロバナかと不審せられるが、これは前にも言ったように只普通シャクナゲの紅花への対象名である事を思わねばならぬ。この品は灌木で多数の枝に分かれて能く樹姿が円くなっており、枝端には常緑の葉が輪生様に出で、花の時はその中心に花が簇まって咲き、それがその株一杯に咲いているのを見ると、登山者はこれはこれはと驚きの目を瞠はるほど立派で壮観である。普通のシャクナゲも高山にあるがその高度から言えばそれはシロバナシャクナゲの下にあって、下から登ればシャクナゲが終わらんとしてシロバナシャクナゲが出て来る。

ウラシロモミとシラビソ（マツ科）

高山に登るとモミの木があるのが普通で、これが高山の景観を整える重要な役目を務めている樹種である。共に喬木ではあるが、その高き処にあるものは丈が著しく低くなっていて、肩丈位のもある。枝は輪様に出で常緑の葉は枝に二列様に着いて密生している。これに長楕円形の毬果が着くのであるが、その色が紫色を帯びそれが枝上に沢山直立して着いている状はだれでも奥山気分にならざるを得ないほど下界で見られぬ有様をしている。この両モミは相共に能く似ているが、その枝に褐色あるものがシラビソ（一名シラベともリュウセンとも云う）で、それがないものがウラシロモミ（一名ダケモミとも日光モミとも云う）である。この両点を心得ていれば山上で直ちにこの両者を識別する事が出来る。日本の北へ行くと尚これに似たる一種がある。それをオオシラビソと云っているがこれはシラビソに酷似した一種である。

ハイマツ（マツ科）

高山へ登った人は高山一面に生え繁って山面を蔽うているハイマツを知らぬ者はなかろう。ハイマツはその枝が縦横に交錯してその幹が直立していないから、そのおのおのがどれがどれの株の枝だか見分けが付かぬ有様である。葉は普通の松と違って五葉で短く、雄花穂は枝上に沢山出で紅紫色を呈して黄花粉を散出する。毬果は卵状円形でその鱗片間に種子がある。かのライチョウ（雷鳥）がこの松の間に棲んで居る事は能く人の知っている所である。

シラカンバ、ダケカンバ（カバノキ科）

シラカンバは又シラカバとも称する喬木で、その樹皮面が白色であるのでその名がある。これが生えている処を望むと始めて山に入った人は里に見馴れぬその樹膚を見ては奥山気分になるであろう。葉は略三角形で風に動き易いようになっている。果穂は下がっている。

ダケカンバはその樹の膚は茶色をしている。シラカンバよりは高度の処に生じ能く山頂までも生えている。葉はほぼ三角形で円みがある。葉縁には尖った鋸歯を有する。果穂はしっかりと杖に着いていてシラカンバの果穂のように下がってはいない。

オニク（ハマウツボ科）

この植物は高山上に生えているミヤマハンノキの根に寄生していて、その地下茎は土中にあるが、その直立せる太き茎は地上に出ていて黄色を呈している。上部には暗紫色の花が密に着き帯黄色の苞が各花を承けている。

この植物を往時は支那の肉蓯蓉だと思っていた。それでこれをニクジュヨウと称した。又オニクは御肉でやはり肉蓯蓉から出た考の結果の名である。しかし肉蓯蓉はこの品ではなかった。肉蓯蓉は性の力を強める薬品としたもの故、これだと思っていたこのオニクもその薬力があると信ぜられていたものである。今でもそう思っている人が尚あるであろう。

これを一つにキモラダケと呼ぶのだが、これはキンマラダケの意である。下野日光の金精峠に金精大明神があって石造の一物を祭ってある。この植物がこの金精峠にも生ずるのでそれでこの名を呼ぶようになったものと思われる。キモラダケは又キマラダケとも云うので、これはオキマラのオが消えてキマラが残ったものとの説もある。オキマラは置マラで往時は木で造った大きな奴を車を付けて村中引き廻し、それがすんでこれを村境に置いたのでそう云うとの事である。

シナノキンバイ（ウマノアシガタ科）

キンバイソウ（金梅草）という草があって近江の伊吹山などに生ずる。その花が輝いた金黄色の梅咲きですこぶる美麗なのでその名がある。これと姉妹品で信州辺ならびにその他の高山に生ずるものに今一種あって、これをシナノキンバイと称える。これは信濃金梅の意で先きに私の名づけた和名である。葉は掌状に分裂しておって葉ばかりでも雅趣がある。茎が立ちて茎頂に花を開くがそれが極めてよくキンバイソウに似ている。元来その黄色の花弁状のものはこれは蕚片でこの蕚片が花弁の代りを務めているのである。しかれば本当の花弁はと云えばそれは花の中で線形をなした条片と変わっていて普通の人にはこれが花弁だとはとても判断が付かない。この変形花弁が雄蕋より長きものがキンバイソウで、それが雄蕋とほぼ同長なのがシナノキンバイソウである。この点さえ心得ていればこの両者を区別するに何の造作も入らない。宿根生の草本で高山には珍しくない植物である。

チョウノスケソウ（イバラ科）

チョウノスケソウは長之助の意で、これは日本では始め須川長之助と云う人が越中の立山で発見したので、私が同氏の名誉の為めに同氏の名を採って名け発表したものである。高山ではそれが地に臥して生え拡がっているもので、その茎は木質をなし、その葉は周辺に鋸歯があってあたかもカシワの葉を極小さくしたような態があり、裏面は帯白色を呈し葉面には皺がある。花は梅咲きで白色の花弁が八片あって、これが咲き揃うているときはことに見事である。この植物は実は木本のものであるからこれを長之助草と呼んでは悪い。それ故これをミヤマグルマと呼ぶがよいというて長之助草の名を貶しつけ、なるべく自分の付けたミヤマグルマの名を世に出そうとする者があるのは馬鹿な話である。タトエこの植物が植物学上から言えば灌木本であってみてもその植物全体の姿が草状をなしているから、これを通俗に草と云っても別に何の不都合もない。ましてこの長之助草の名はその発見者を記念した名であるから、自分の付けた後との名を世に出したいからとてこの先きに付けられた記念名を抹殺しようとするのは、人情を解せぬ人のやる事である。今日まで長之助草でだれも何の不都合も感ぜぬ名を殊更に右の不純な反謀心からそんな事をあえてする必要は少しもない。西洋の学者の著した植物書にもこれを草の部に入れて茎が木質をなした多年草であると書いた人さえあるのである。これが樹のように立っていてだれが見ても樹木と感ずるものなればそれまでですけれど、これを草と云っても別に不都合のない姿をしていればそれでよいのである。和名は通俗名だから、その感じさえ草らしければその間へ異論を挿んでとやかく言う筋合のものではない。そんな論を固執する人があれば試みに問わんが唇形科中のミカエリソウを何と云うのだ。これは二、三尺も立ている一つの厳然たる灌木ではないか。又ガクソウ（額草）を何と云うのだ。これは五、六尺にも成長する厳然たる灌木ではないか。人間は偏執では困る。もっとさばけた考えを抱くべきものである。

ガンコウラン（ガンコウラン科）

ガンコウランへは岩高蘭の字が充てがってあるが、これは果してその字がこの名の意味か不明である。これはただその名によい加減の漢字を充てはめたものではなかろうか。これは常緑の灌木で高山で地を這って沢山に生えており往々毛氈でも敷いたように平布している。木に雌雄あって雄木は早く花が咲く。雄蕊が長く出て赤くすこぶる美麗である。雌木は葉間に円い黒い実が出来て食用となる。熊が能くこれを喰うとの事である。酸い甘い味がする。葉は細やかで枝上に沢山に着きすこぶる雅趣がある。それ故この植物は能く盆栽に仕立てられている。割合によく活着するものである。

【牧野富太郎が訪れた山】

金精峠　所在地：栃木県・群馬県　標高：２０２４メートル

栃木県日光市と群馬県片品村の境にある峠。日光国立公園に属し、周りを白根山、男体山などの高山で囲まれている。１９６５年に峠の下に金精道路（国道

120号線）が開通。この道路は日本ロマンチック街道の一部に指定されているが、積雪が多いため冬季は閉鎖される。峠の頂上には峠の名の由来にもなった金精神社がある。石造の男根を形取った金精神をまつっており、子宝、安産、一族繁栄などのご利益があるとされる。〔地図⑬〕

白山　所在地：石川県・岐阜県　標高：2702メートル

主峰・御前峰、大汝峰、剣ガ峰の3峰から構成され、17世紀中ごろまで噴火していた跡に翠ガ池や千蛇ヶ池などの7つの火口湖がある。名前のとおり雪の多い山で、昔から水源の山としてあがめられていた。高山植物の宝庫としても有名で、和名や学名に白山にちなんだ名をつけられたものは30種ほどを数える。またハイマツの樹海やブナなどの原生林には目を見張る。〔地図⑳〕

御嶽山　所在地：長野県　標高：3067メートル

哀調を帯びた木曽節に歌い込まれた御嶽山（御岳山）は、富士山、白山とともに信仰の山として知られている。何回もの爆発を繰り返したコニーデ型の複式火山で、1979年には突然、地獄谷に新しい噴火口を現出させた。2014年9月27日にも噴火し、大きな被害を出したのは記憶に新しい。標高1500～2500メートルあたりには天然のヒノキ、コメツガ、カラマツなどの美林が広がる。七合目にある田の原天然公園（標高2180メートル）ではクロユリ、コバイケイソウ、イワカガミなどの高山植物が咲き乱れる。〔地図㉔〕

立山(たてやま)↓122ページ
伊吹山(いぶきやま)↓182ページ

〔白馬岳、八ヶ岳〕

山草の採集

白馬岳のお花畑

私もだいぶ方々の高山に登ったが、日光は女峯(にょほう)や男体山(なんたいさん)はどうかというと、外輪的で比較的高山植物も少ないが白根山(しらねさん)は多い。八ヶ岳は登るに都合の良い高山で八ヶ岳むぐら、八ヶ岳しのぶなどは日本ではこの山のみに限る高山植物である。ひげはりすげ等も観賞には適せぬが植物学上珍しいものでこれもこの山に限られている。高山植物についての知識を得ようと思えば信州の白馬岳(しろうまだけ)に登るがよい。東京から行くとすれば上野駅から長野行の汽車に乗って篠井駅に出で、ここから松本行の汽車に乗り替え明科(あかしな)駅に下りる。途中に名所もあるがとにかく、この駅で下車してから北へ六里馬車で行くと大町に着く。ここから越後の糸魚川(いといがわ)に通ずる道路を、馬車で行くこと六里にして北城の宿に着く。この北城村は白馬岳の麓で案内者を雇うて行けばすぐ登れる。山の中腹を白馬尻といって雪が多い。その雪の消えている処から絶頂までは雪がなくていわゆるお花畠になっている。雪の消えている近所には芽が出ているが、それがだんだんと進むにしたがって花を開き実を結ぶという有様である。その百花繚乱のお花畑をねぶか平と言っているが、崇高清美の感慨はとうてい筆にも舌にも言い尽せない。また絶頂に登って瞰下すると、山の渓谷にはみな雪があって越中、越後は一望の下で富山市も見える。夜などは蛍の光に似たうすぼんやりした光が見えるのは富山市の電燈だが、かような高嶺に登ってこれを眺めると、物質以外のまったく俗を洗った雅景に見える。なお立山の雪白の衣裳を纏うた姿が見えるので真夏の感じは起こらぬ。帰りは雪の上を滑って下りるが、これがまた愉快なもので東京の人はこれのみでも出かける価値はある。

登山の準備と注意

登山の心得として私の経験は軽装に限る。頸に雫が入るから鳥打帽はまずい。

蓆 蓑（むしろのみ）は絶頂に登っても途中で休むにも腰掛に敷かれるから好都合、雨にも結構、丈夫な洋傘もよい。弁当は缶詰物よりも握り飯に梅干がよく、味噌汁は山ではしごくよい。

その他二、三の事

日本の高山植物界にとりて忘るることのできないのは、城数馬、木下友三郎の両氏、松平康民、加藤泰秋、久留島簡、青木信行等の各子爵、小川正直氏、長野県松本の女子師範学校長矢澤米三郎氏、志村烏嶺氏、前田曙山氏、今は故人となった五百城文哉氏等の諸氏がさかんに高山植物の採集をなし、また培養に従事せられたことである。

諸氏は娯楽としてまったく閑却されていた高山植物の採集に努力したために学者側にあっては大いに研究の歩を進めることができた。その時代虫取すみれなどは珍しかったくらいであるか、その後採集の材料はようやく豊富になって、私どもはこれにいちいち名称を付けたり種類を定めたり、ずいぶん研究すべき仕事が多くなったわけで、ついには自分も高山に登るようになった。

かくて一時は非常の盛況を呈するにいたったが、またこうなると一利一害で、植物屋連の乱採が始まり植物保護の取締り規則ができ、今日でも八ヶ岳や白馬に行くには山林区署の許可を得なければならぬという面倒をみるようになり、自然、高山植物採集熱も一時下火らしかったが、また、このごろ少しく頭を抬（もた）げてきたようである。

高山植物の知識を広めるためには、東京のような都会には公園の中に「高山植物園」を造るがよかろうと思う。外国のように上方に高く岩を組むようにせず、地下に掘って岩石を置けば空気の乾燥も少なく、場所も取らず、しごく結構だろうと思う。かつこれは高山植物を専門に研究している人に依頼すれば面白かろうと思う。

【牧野富太郎が訪れた山】

白馬岳（しろうまだけ）　所在地：富山県・長野県　標高：2932メートル

南北に連なる後立山連峰の北部にあって、長野・富山両県、実質的には新潟を加えた3県にまたがる。白馬岳の山名は、三国境の南東面に黒く現れる馬の雪形から由来したといわれる。眺望はすばらしく、北アルプスのほぼ全域はもとより、南・中央アルプス、八ヶ岳、頸城や上信越の山々、そして日本海まで見渡すことができる。白馬大雪渓、栂池自然園などの湿原・池塘群のほか、全山にわたり豊かな高山植物群落が見られる。〔地図㉓〕

八ヶ岳　所在地：長野県・山梨県　標高：2899メートル（赤岳）
長野県と山梨県の境にある火山群。最高峰の赤岳、権現岳、編笠山などの南八ヶ岳、横岳、天狗岳などの北八ヶ岳が約20キロメートルにわたり連なる。シラビソ、コメツガ、ダケカンバ、シラカバなどに富む。また、ヤツガタケタンポポ、ヤツタカネアザミなど八ヶ岳の名前を冠した高山植物も多い。硫黄岳と横岳の間にはキバナシャクナゲの自生地があり、1923年に国の天然記念物に指定されている。〔地図㉖〕

〔岩手山、御嶽山、立山、八ヶ岳など〕

夢のように美しい高山植物

面白い高山植物

高山植物と言ってもずいぶん種類が多いからそれを全部網羅するということはとうていできないことであり、またその中の数種を挙げたくらいのことでは大きな海の中の島を幾つか示すようなものであるから、今はその中でも最も奇抜なものを幾つか挙げてみよう。

こまくさ

これは高山のごく頂上の「ざれ」地すなわち砂礫(されき)地に生育していて雑草の中などには見られない。こまくさの葉は細かに裂けていて色が奇抜なので、高山の砂礫地に行くとすぐに気が付く。葉は白い粉のついた緑色をしていて、花茎は痩せたの一本、多いのは数本もあって葉より高く伸び、けまんそうのような花が咲く。鯛のようでその先が二つに分れ、それがひっくり返って錨(いかり)のような格好をしていて、色が非常に美しい。けれどもこれを平地に持って来ると育てることがきわめて困難である。木曾の御嶽山ではこの草がたいそう珍重されていて、御嶽山に参詣すると神官から御賽銭のたかによってこまくさの乾したのを一つ二つずつくれるが、これが尊い神様からお下げになったものとして秘蔵される。そのため今日では御嶽山にはもう種切れとなり、付近の山々から取ってくるのである。これは一名をおこまぐさともいう。

高嶺すみれ

高嶺すみれはこまくさと同じように砂礫地に生育している。すみれとは言うけれども種類も異なり、ふつうのすみれは紫であるがこれは色が黄色で、きばなのこまのつめに似てそれよりも葉が厚くできているからすぐ区別することができる。ヨーロッパ諸国にはなく日本特有のものである。最も多く産するのは陸中の岩手山の頂上の砂礫地である。

長之助草の由来

長之助草というのは八ヶ岳に多く立山（越中）にも産する。これは地平に広がり葉の裏が白く鋸歯があり楢の木の葉を少し小さくしたようなもので葉の表面には皺があり、七月頃になると拡がり、中から茎が出て花弁が八つ中から咲く。それが満開の時にはたいへん綺麗である。この草はヨーロッパに多い。日本では陸中の須川長之助という人が明治の初年にマキシモウィッチというロシア人に雇われて採集した時立山で取ったのであるが、それを私どもが研究して長之助草と付けてやった。これらも高山植物として珍しいものである。

うるっぷ草

これは千島のうるっぷ島に多く産するところからこの名がある。内地でも諸処の高山にある。葉はおおばこに似ていて茎が数本出て、色は紫で見たところ特異であるからすぐ分かる。内地では八ヶ岳にたくさんあり、登山した人々の見逃してはならぬものである。

虫取すみれ

すみれという名が付いているけれども種類はすみれとは全然別である。ただ花がすみれと似ているのでこの名があり、葉は地平に這って何枚もできている。中央から茎が伸びて花が咲く。葉の表面には細かな毛が生えていて先に玉が付いて腺毛（せんもう）から汁を分泌するのであるから、葉の上に止まった小さな虫（蠅のような大きな虫は駄目である）が粘液のために動けなくなってついに死に、それが消化して植物の栄養になるのである。ではこの種のものには根がないかというに、根も立派にあって根から養分を吸収することはかのもうせんごけと同様である。この種のものにはこうしんそうというのがある。これは庚申山（こうしんざん）、および日光等に産し、先年帝大の三好学博士が庚申山で発見したので庚申草というのであるが、これも小さな虫を取る。

羽衣草

これは信州の白馬山に産する。羽衣草といっても名ほど美しくはないが小さな花が咲き、葉は葵(あおい)に似て七、八寸の高さになり、白馬山が唯一の産地で今日ではその数が乏しくなっている。初めて白馬山に発見された時羽衣草という名を付けた。

深山おだまき

深山(みやま)おだまきは誰もが知っているおだまきの種類で、おだまきと同じような紫色の花が咲き非常に美しい。日本にはおだまきの種類が三つある。山おだまき、深山おだまき、おだまきで、深山おだまきは八ヶ岳に行くとたくさんある。

高山植物はどんな物

今の人々が高山植物と言っているのは厳格な意味の高山植物でなく、すこしでも高い山に生えているものをばすぐ高山植物と言う。しかしほんとうの高山植物というのはそういうものではない。

たとえばここに高山があるとする。そうするとその一番下を山麓帯といい、その上の部分を雑木帯といい、それを上って行くと森林帯、それを上ると灌木帯に出る。その次の場所を草本帯というのである。

高山植物というのはその草本地域に生育しているものをいうので、いわゆるお花畑というのはそれを指すのである。もし許せば灌木帯のものをも高山植物と称してさしつかえないが、森林帯のものは高山植物とはいえない。

北に行くほど下る灌木帯

灌木帯は同じ日本でも北の方に行くにしたがって漸次山の下の方に下がり、ついには平地に下がってしまうものである。がんこうらんという高山植物は北海道の根室とか千島方面に行くと海岸に生えている。それは北に行くと漸次下に下がってくる。

高山植物は英語で「アルパイン・プランツ」という。これはアルプス山が高いからこの名が生まれたのだ。しかし日本などのものもやはり、「アルパイン・プランツ」というべきである。

高山植物の特徴

高山植物はすべて長い根を持っているのがふつうである。また茎は低く高山は風が強いから根を深く張っておく必要があり、砂礫地では短い根で充分な養分が取れないから、自然長い根をもって深い底の養分を取らねばならない結果である。また冬の間はさらに養分が取れないので根の中にそれを貯蔵しておかねばならない。そのためにも根は長くなければならぬ。

また高山は陽の当たるときには非常に暑く、夜間はいちじるしく温度が下がる。そこで葉や茎は平地の植物といちじるしく異なっている。葉は厚くて硬い。それは旱天(かんてん)続きの場合、葉の中に貯(たくわ)えた水分のかれぬ工夫、また水分の蒸発しないようにそうなったので、石南科の植物やがんこう蘭の葉を見るとすぐわかる。また禾本(かほん)科類は水を貯える装置ができていて陽が上ると葉面の水分の蒸発を防ぐために葉を巻き込む。高山に上る人たちは単に植物の種類を集めるのみならず、このような自然の巧みな装置を研究したならたいへん面白いと思う。

【牧野富太郎が訪れた山】

岩手山(いわてさん)　所在地：岩手県　標高：2038メートル

盛岡市の北西にそびえる火山で、岩手山高山植物帯として国の天然記念物に指定されている。5月中旬は御神坂(おみさか)の標高800メートルの混合樹林の中にびっしりと咲くカタクリ、イチリンソウの群落、6月中旬から下旬にかけては柳沢口の旧道で咲くチングルマ、イワウメ、イワカガミ、初夏には焼走(やけはしり)口の中腹にある道でコマクサの大群落などが見られる。この山麓に育った石川啄木は「ふるさとの山に向ひて　言ふことなし　ふるさとの山はありがたきかな」という短歌を残した。〔地図⑥〕

御嶽山(おんたけさん)↓135ページ
立山(たてやま)↓122ページ
八ヶ岳(やつがたけ)↓141ページ
白馬岳(しろうまだけ)↓140ページ

〔神崎森〕

ナンジャモンジャの木

明治の中頃のことであったが、私はその頃まだ東京大学の学生だった池野成一郎と二人で、青山の練兵場に生えていたナンジャモンジャの木の花を採集しようということを話し合い、これを採集にでかけたことがあった。

その頃、青山練兵場は陸軍の管理地であって、その中に勝手に入ることは許されていなかった。そこで、夜中に採集を強行することにした。

私たちは人力車夫を傭ってきて練兵場の中に入り込んだ。私たちはナンジャモンジャの木の花を採集するのが目的だったが、何分木が高くて、登らにゃ採れんので、人力車夫に頼んで木に登らせ、その花枝を折らせた。

夜中で、人が見ていなかったから自由に採集できたが、昼間ではとてもできない芸当だった。それに、その頃は練兵場も荒れていたので、自由に行動できた。

それに私たちは、学術資料を採るのだからたとえ見つかっても、それほど罪にはなるまいと考えていた。

このナンジャモンジャの木は、その後すっかり有名になり大事にされるようになったが、寿命が尽きて、枯れてしまった。

私は、この時の戦利品であるナンジャモンジャの花の標品を、今なお私の標本室の中に保存して持っているが、今では得難き記念標品となってしまった。

ナンジャモンジャとはそもそも、どんなもんじゃというと、それはこんなもんじゃと持ちだされるものがいくつもある。

ナンジャモンジャという名をきくと、得体の知れぬもののように見えるが、決してそんなもんじゃない。ナンジャモンジャの木とよばれるものには、正真正銘のナンジャモンジャもあれば、また喰わせもののにせのナンジャモンジャもある。

まず第一に、にせのナンジャモンジャは、東京青山の練兵場にあったもので、本名をヒトツバタゴという。この木は、天然記念物として保護されたが、今では枯れてしまった。

この木は中国、朝鮮に多い樹であるが、日本には極めて稀である。それが青山練兵場に大樹になって存在したのはすこぶる珍らしい。往時、だれかが、どこから持ってきて、ここに植えたものにちがいないが、まあよく無事に生きのこっていたものじゃ。この木の立ったところを、昔は六道の辻といったそうだ。それで、この木のことを一つに六道木ともいったもんじゃ。以前は、この木はナンジャモンジャとはいわなかったが、その後、誰かがそういいだしたので、今では学者先生でもそれに釣り込まれて、ナンジャモンジャとよんでいるのはいささか滑稽だ。中国では、この木は炭栗樹と称する。白紙を細かく剪ったような白い花が枝に満ちて咲く。

第二のにせのナンジャモンジャは、常陸の筑波山にある。これはアブラチャンという落葉灌木で、山林中の平凡な雑木にすぎない。

第三のにせのナンジャモンジャは、ヤブニクケイの一変種であるウスバヤブニクケイという木である。肉桂に近いものであるがあのような辛味と佳い香とがない。この木は、四国、九州辺には気候が暖かいせいかよく繁茂している。

第四のにせのナンジャモンジャは紀伊の国の那智の入り口にあるといわれている。これは、シマクロキともいわれ、ネズミモチに似た木だといわれるが、私はまだ見たことがない。実物を見れば、すぐ判ると思うが残念である。

第五のにせのナンジャモンジャは、カツラである。この木は伊豆の国、三島町の三島神社境内にあって、俗にナンジャモンジャとよんでいる。昔、将軍家よりおたずねの節、これをナンジャモンジャとお答えしたとかいう伝説がある。

第六のにせのナンジャモンジャは、イヌザクラである。この木は、武蔵の国、比企（ひき）郡松山町箭弓（やきゅう）街道ぎわの畠中にある。周囲に石の柵をめぐらして碑がたててある。

第七のにせのナンジャモンジャは、バクチノキだといわれている。

このほかにも、まだ詮索すれば、いくつかにせのナンジャモンジャがでて来んとも限らない。

まずまずこれで、贋造のナンジャモンジャが済んだ。これからが、本尊のナンジャモンジャの番じゃ。

本物のナンジャモンジャは一体、どこにあるのじゃ。それは、東京から丑寅の方角に当たって、即ちそこは大利根の流れにのぞむ神崎（こうざき）である。

神崎は千葉県下総の香取郡にある小さな町で、利根川の岸にある。佐原の手前、郡駅で汽車を降り、少しく歩くと神崎である。

利根川には渡しがあって、往時江戸から鹿島へ行く時、ここを通ったもんじゃ。この渡しを上るとすぐ神崎の町で、町のうしろに川に臨んでひょうたん形の森があって、木がこんもりと林を成している。この林の中に神崎神社の社殿がある。

この神社の庭に、昔から名高い正真のナンジャモンジャの木が立ってござる。以前には、それが森の上にぬっとそびえて天を摩し、遠くからでも能く見えていたことが、赤松宗旦の『利根川図志』に見られる。

今から何年か前にこの神木に雷が落ち、雷火のために神殿と共に焼けて枯れた。一説には乞食が社殿の床下で焚火をした不始末だとも言われている。ところが、幸なことには幹は死んだが、その根元から数本のひこばえがでて、今日では枯れて白骨になった親木（上の方は切り去ってある）を取り巻いて能く育ち、緑葉榛々たるありさまを呈している。

先年、池松時和氏が千葉県知事であった当時、たいそうこのナンジャモンジャを大事がり、新たに石の玉垣を造ってこれを擁護したので、今は新築の社殿の脇にもったいらしくその姿を呈わし、風雨寒暑を凌いで、このようによく繁茂しているのである。

このナンジャモンジャの正体は元来なんであるかというと、それは疑いもなくクスノキである。何らふつうのクスノキと変わりはない。このクスがどうして、この辺でそう珍らしく認められたかというと、一体この地方は暖地でなく、かつ利根川の流域は土地が低く、湿っているので、わが国西南地方におけるようにそう頻々とその大木を見掛けないので、特に注意をひいたもんではないかと想像する。

口碑に伝うるところでは、このナンジャモンジャの名は水戸の黄門公が御附けになったのだといわれている。してみると、その名のできたのはそう古いことではなく、徳川四代将軍家綱の時代で、今からざっと三百年ほど前のことであろう。

喜多村信節の『嬉遊笑覧』に、

「ナンジャモンジャ俳諧葛藤、下総から崎の岸をよせ、ナンジャモンジャの木を尋ねて何若葉自問自答の郭公。ナンジャモンジャというものに二種あり。ここにいうは樟の木なり。又周囲に太一余粮ある処あり、これをもナンジャモンジャというとなり」

と、でて居り、これを樟の木というは正しい。また、高田与清（ともきよ）の『鹿島日記』には、

「十九日（文政三年九月）、雨、わたしを渡りてかうさきの神社にまうづ、社の前にナンジャモンジャとよぶ大樹あり、いと年へたる桂の木なりけり」

と書き、

「神代よりしげりてたてる湯津桂（ゆつかつら）さかへゆくらむかぎりしらずも」

の歌が添えてある。しかし、このナンジャモンジャをユツカツラにあてるのは非で、ナンジャモンジャは前にも言ったように正にクスノキそのものである。

又、同人の『三樹考』には、

「下総の国、香取の郡神崎の神社に、ナンジャモンジャといふ木あり（何ぞや物ぞやの訛なり）。これもヲガタマの一種也」

と、出ているが、しかし、この書のオガタマは、今日いうオガタマではなく、クスノキ科に属するヤブニクケイ、シロダモ、タブノキの三種の総称名である。しかし、これはむろん見当違いだ。

清水浜臣（はまおみ）の『房総日記』には、

「神木とてめぐり四丈にあまる大木有、土人はナンジャモンジャといふ、そは百

年ばかりのむかし、水戸中納言殿のこのみやしろにまうで給ひしをり、処のものらに此木の名をとはせ給ひしに、人々とかくさだめかねて何ならん物ならんとあらそひしより、かくは名づけしとぞ、まことは八角茴香となりとかや」

とあって、これは今より百数十年前の文化十二年四月二日の記事の一節であるが、これを八角茴香とはどこから割りだして、こんなとてつもない名を持ち出したものか訳が分らん。元来、八角茴香とはシキミ属の大茴香のことで、ナンジャモンジャとは何の縁もなく、それこそナンジャモンジャモナイモンジャだ。

なお、『利根川図志』には、このナンジャモンジャについての記事があるが、今ここにはそれの評記を省略した。というのは、この書が今、沢山なわが蔵書の中へ紛れ込んでちょっと手許へ出て来んので致し方なくそれについてはここへ何も書かなかった。が、しかし、この書にナンジャモンジャのことを、「山桂一種」とあるのは真相を得た名ではない。

このように、ナンジャモンジャのことはこれで解決した。とにかく、この神崎のナンジャモンジャは一度は見ておいてよいもので、この本当のナンジャモンジャを知らない人は、ナンジャモンジャを談ずる資格のない者じゃ。この本家本元のナンジャモンジャを見物に一日の清遊を同地にこころみるのもまた一興ではないかと思う。東京の両国駅から、優に日帰りに行くことのできるところだ。

私は、このようにナンジャモンジャについてその委細を記述し、神崎神社の神庭に立てるその真物を、世間に発表したことにつき、同社の神官はいたく喜び、その後私が同地に到りし時、当時新たにそのナンジャモンジャの神木に接近して建てた社務所に、特別に招待して、わざわざ山下の酒造家寺田家（主人は憲氏）から結構な夜具を運び込み、一夜をその神木と一間位の隣りに近く宿らしてくれた。私はまことに有難く、かつ恐縮し、謹んでその優遇を感謝したことがあったが、今追想するとこれももはや三十年ほどもむかしのことになった。

【牧野富太郎が訪れた山】

神崎森（こうざきもり）　所在地：千葉県

神崎町は千葉県北部、香取郡の町で、利根川南岸の低地と下総（しもうさ）台地にまたがる。明治後期に成田線が開通するまで、利根川水運の河港として栄えた。町の北端には、水運の目印として利用された神崎森（千葉県の天然記念物）があり、ヤブニッケイ、タブノキ、スダジイ、ヤブツバキ、シダなどの原生林が生い茂る。その森にある神崎神社にはクスノキの巨木があり、通称「ナンジャモンジャの木」と呼ばれて親しまれている。この木は国の天然記念物である。〔地図⑮〕

〔飛驒山脈〕

馬糞蕈は美味な食菌

馬の糞や腐った藁に生える菌に馬糞蕈すなわちマグソダケというのがあって、マツタケ科のマツタケ亜科に属しPanaeolus fimicola *Fries*（=*Coprinarius fimicola* Schroet.）の学名を有している。そして、この種名のfimicolaは糞上もしくは肥料上に生じている意味である。最古の字書の『新撰字鏡』には菌の字の下に宇馬之屎茸と書いてあるところからみれば、この名はなかなか古い称えであることが知られる。

この菌は直立して高さは二寸ないし五寸ばかりもある。茎は痩せ長くて容易に縦に裂ける。蓋は浅い鐘形で径五分ないし一寸ばかり、灰白色で裏面の褶襞は灰褐色である。全体質が脆く、一日で生気を失いなえて倒れる短命な地菌である。

昭和二十一年九月十一日に来訪した小石川植物園の松崎直枝君から、このマグソダケが食用になり、それがまたすこぶるうまいということをきいて私は大いに興味を感じた。

この菌がかく美味である以上は、大いにこれを馬糞、腐った藁に生やして食えばよろしい。春から秋まで絶えず発生するというから、随分と長い間賞味することが出来る訳だ。

これが馬糞へ生えるのはちょうどかのいわゆるシャンピニオンのハラタケ（田中延次郎命名）一名野原ダケ（拙者命名）すなわち Psalliota campestris *Fries* (=*Agaricus campestris* L.) が連想せられる。このシャンピニオンが培養せられるときには馬糞が使用せられる。それはその生える床に熱を起こさせんがためである。

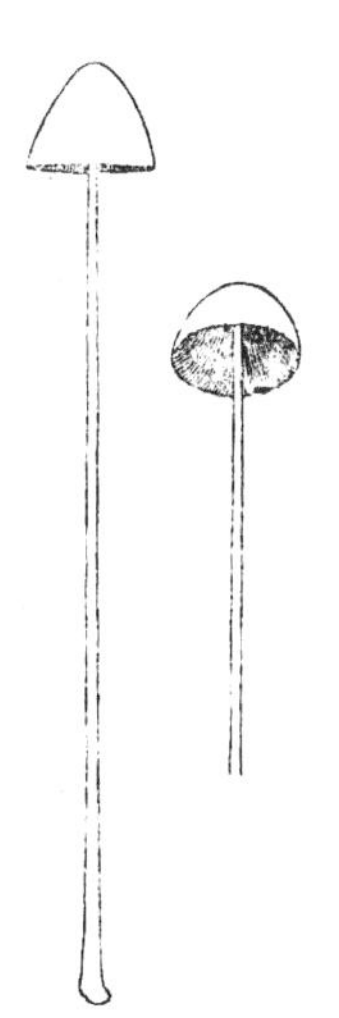

マグソダケ（馬糞蕈）〔食用〕
Panaeolus fimicola *Fries* = *Coprinarius fimicola* Schroet. = *Agaricus fimicola* Fries.

一茶の句に「余所並（なみ）に面並べけり馬糞茸」というのがある。

今次ぎに私のまずい拙吟を列べてみる。

食う時に名をば忘れよマグソダケ
その名をば忘れて食へよマグソダケ
見てみれば毒ありそうなマグソダケ
恐は恐はと食べて見る皿のマグソダケ
食てみれば成るほどうまいマグソダケ
マグソダケ食って皆んなに冷かされ
家内中誰も嫌だとマグソダケ
嫌なればおれ一人食うマグソダケ
勇敢に食っては見たがマグソダケ

馬勃（オニフスベ）にもウマノクソタケの名があるが、上のマグソダケとは無論別である。

大正十四年八月に、飛驒の高山の町で同町の二木長右衛門氏に聞いた話では、「馬糞ナドニ生エル馬糞菌ヲ喜ンデ食フコトガアル」とのことであった。また「何レノ菌デモ一度煮出シ置キ其後ニ調食セバ無毒トナリ食フ事ガ出来ル」とのことも聞いた。この高山町では漬物の季節に当たって、近在から町へ売りに来る種々な菌を漬物と一緒にそれへ漬け込むのである。同町では定まった漬物日があって年中行事の一つとなっており、その日に各家で漬物をする。その漬物桶が家によってはとても結構なのが用意せられているとのことである。これは他国では見られぬ珍らしい習俗である。そして当時その中へ漬ける蕪は同地普く栽培せられてある赤カブであったが、今はどうなっているだろうか。また右漬物用の菌はどんな種類であるのか調査してみたいものだ。日本の菌学者はこの好季に一度見学に出陣してはどうか。必ず得るところがあるのは請合だ。

【牧野富太郎が訪れた山】

飛騨山脈　所在地：新潟県・富山県・岐阜県・長野県　標高：3190メートル（奥穂高岳）

通称北アルプス。立山、剱岳、白馬岳、乗鞍岳、槍ヶ岳など3000メートル級の山々が連なる。最高峰の奥穂高岳は富士山と北岳に次いで日本で3番目に高い山である。大部分が中部山岳国立公園に含まれる。ニホンカモシカ、ライチョウなどの高山動物や、コマクサ、ショウジョウバカマ、ハクサンイチゲなど多様な高山植物が見られる。〔地図㉗〕

〔日本の山野〕

萌え出づる春の若草

春の野に出でて若菜を摘むという、つまり摘み草ということは、昔からあるゆかしい風習であるが、多くの人は摘み草はいつでも摘むべき草の種類をごくわずかより知っていない。せりは一番よく摘まれる草でなんにしても美味しく、ことに高い香りが喜ばれる。

よもぎ

だれもが知っている草であるが、これは餅に入れて食べるよりほかしようがないのでちょっとおっくうである。余談に入るがこのよもぎの餅の起原は、おそらく今日のような糯米（もちごめ）などのできなかった頃、普通の米ではなかなか餅にならないのでつなぎとして草を入れたものらしい。その草も始めはよもぎでなく母子草（おぎょう）を用いたものである。あの草の葉の表裏に白い毛が生えているので、それがつなぎになったのである。のちにだれかがよもぎを見出して、やはりよもぎにも毛があるのでつなぎに用いてみると香りもよし立派な餅になったので、よもぎなら母子草よりもたくさんあるし葉も大きいので大変いいというので、よもぎの餅が一般に用いられるようになったらしい。このほかにもつくしとかなずなとかいうのは、だれもが知っているが、ふつうの人に知られていないもので食物として趣味ある植物がたくさんある。それらを一方また植物学的に観察することも興味深く、かつ知識の習得の上にも非常によいと思う。

げんげの葉

四月頃の田の面を一面に蔽(おお)うて咲くげんげの花、あれの若葉は非常に美味しいということが支那の書物にある。そこでいつか摘んできておひたしにして食べてみたところがいっこうにうまくない。なぜだろうと思って、今度は支那式に油でいためて塩、胡椒、それに少しの醤油を加えて食べてみたら、ほんとうに美味しかった。また支那人はよくしろつめ草（White Clover）の葉を食べる。これもげんげのような方法で食べたら美味しかろうと思う。

種つけ花

これも四月頃の田の中に咲く花で十字科に属し無毒である。秋の末から生えて春の初めに繁殖し、苗代へ稲の種を下ろすころに花咲くので種つけ花と呼ばれる。このまだ茎の出ないうちに採っておひたし、または油でいためて食べるという。これと縁の近いものに大葉種つけばながある。

大葉種つけばな

宿根生で武蔵野の原、水清きほとりに行くとたくさん生えている。これは冬のうちより出ている。葉に少し辛味があって、刺身のつまにするとなかなか雅味がある。愛媛県の松山では冬のうちに付近の高井村というところから農夫がこの草を売りにきて、八百屋で売っている。松山では昔からこれをていれぎといって松山名物にかぞえ「高井のていれぎ」という文句が俚謡にまでのぼっている。しかしこれは松山の特産ではなくて東京付近にもたくさんあるのであるが、東京の人がこれを利用しないのはおそらく野草に不案内なためであろう。ていれぎは葶藶と書くのであるが、これの本物は犬がらしという植物なのである。それを昔の人が間違って大葉種つけばなにこの名をもっていってしまったのである。

犬がらし

庭先、道傍、野原などにたくさん生えている。塩漬にするか煮るか三杯酢にするかして食することができる。葉の形は蕪(かぶ)の葉を小さくしたようなもので一株から叢生(そうせい)している。薹(とう)が立つと小さい黄花が咲いて針状の長い実ができる。

すかし田牛蒡

これは犬がらしと兄弟のような植物で、春芽立つものであるか、茎の出ないうちに採って犬がらしと同じ方法で食べられる。

川ぢしゃ

このごろ野に出でて、川辺とか湿地のようなところへいって見ると、川ぢしゃというものがある。葉が軟らかく毛がなくて春はまだ茎が立たぬので地を這うている。葉の色はやや紫味を帯びている。これを採って酢味噌あえにすると美味しい。葉が軟らかいのでちしゃといい、川辺にあるために川ちしゃといわれている。播州明石辺の料理屋では、この種子を取っておいて蒔いて、その可愛らしい貝割れを刺身のへりにそえる。ちょうど蓼（たで）の実生をそえるようにそえるのであるが、蓼のように辛味などはなく、ただ体裁だけである。しかしちょっと雅趣がある。

萱草

春の野外、川の堤、山の麓などに萱草（やぶかんぞう）というのが生える。萱は忘れるという意味で支那ではこの草をもっていると憂を忘れるとのいい伝えがある。またこれを宜男草ともいい、この草を婦人が帯びていると男子を生むといわれている。この萱草が春の初めに生える。ちょうど百合の葉のようで薄緑色をしている。これを根元から採って湯煮して酢味噌あえにすると、甘味があって美味しい。これが生長して夏になると二尺以上に茎が立ち、鬼百合を八重にしたような花が咲く。花の色は樺（かば）色をしている。この花、あるいは明日咲くという蕾を摘んできて牛鍋などに入れると花に甘味があってたいへん美味しい。また三杯酢にしても美味しい。この花を食べるということは日本では珍しくて趣味あることと思う。支那では八重咲きのものには毒があるなどと書いてあるが、それは無根のことである。この草はまた秋の末、芽が二、三分出たころにそれを採って、上等の料理に用いることがある。甘味があって乙なところがある。これは東京付近にもたくさんある。

黄萱

これは萱草と同属のもので東京付近にあるが、信州辺にはことにたくさんある。これは若葉は食べないが夏たくさんの花が咲く。毎夕一輪ずつ開くので夕すげの名がある。その明日咲くという蕾や花を採ってきて同じ方法で食用にできる。支那にはこの草がたくさんあるとみえて昔から食用にしている。その蕾を採って湯をとおして日に干し、これを金針菜と名づけて乾物屋で売っている。これを湯煮して前のような方法で食べる。

こうぞり菜

春の野外でよく出会うものにこうぞりなというのがある。葉が長大で剃刀（かみそり）のような形をしているのと、その葉に毛があって手を触れると切れそうなのでこの名がある。これは湯煮すると軟らかになるからおひたしなどにして食べるといい。山道や野原、山の付近の荒地などに地面へついて拡がっている。

たんぽぽ

これはよく摘まれる草で、この花は黄色いのがふつうとされているが、ときには白い花のがある。東京付近には少ないが国によっては白いのばかりあるところがある。この白と黄とは全然別種で食用としては白の方がいい。白の方は葉が軟らかくていくぶん大きく野菜的になっている。もしこれを畑に培養して葉を大きくし軟化させて用いたら「サラド」用にもなると思うが実際に試みたということをあまり聞かぬ。西洋のたんぽぽは日本のとは別種であるが日本へも来ている。北海道にはこれが野生している。西洋ではこれを作って「サラド」用にしている。

日本の黄色いたんぽぽも同じように培養すればいいものになるであろう。かく野草を培養して野菜に仕立てこれを食膳にのぼせることは興味深いことである。

釣鐘人参

山の麓などをたずねると釣鐘人参というのがある。これは花が釣鐘に似て根が薬用人参に似ているのでこの名がついたのである。また沙参（しゃじん）ともいわれている。根も葉も食べられる。葉は茎が三、四寸のころに摘みおひたしにすると一種特別の香りがあって美味しい。日本の民間ではこの草をとどきといっている。これは古くからの名ではあるまいかと思う。信州地方ではこれを美味しいものの一つとして

　山でうまいものはおけらにとどき
　　嫁にくれるも惜しゅござる

という俚謡さえある。これを摘むと白い汁が出るが毒ではない。根は白く太く肉があるから土地の子供が生食する。

おけら

前の俚謡の中におけらというのがあるが、これは昔の和歌にうけらが花といわれている。東京付近の森の中にもある。葉に白い毛が生えているがかまわない。このおけらは蒼朮（そうじゅつ）といって根を漢方の薬にする。

桔梗

前にいった沙参は植物学上桔梗（ききょう）科に属するのであるが、これと同属である桔梗もまた若芽が食用になる。根は漢方薬になる。桔梗は草花として作るので、若芽はあまり食用にはしないが食べれば美味しいものである。

おらんだがらし

多摩川辺に行くと西洋草だが、おらんだがらしというのが水中に繁殖していることがある。これは Watercress（ウォーター・クレス）といい明治初年ごろに渡来したもので原産地は欧洲である。繁殖力の盛んなもので深い山中にまで生え込んでいることがある。日光湯元の奥の、蓼の湖という湖にまで繁殖しているのを見た。この草は通常西洋料理の皿に付けているが日本流には味噌汁の実、胡麻あえなどにして四時食用にできる。

野蒜

これもふつうの摘草の一つで、根をひいて酢ぬたあえにするのがいちばんうまい。これはねぎ、らっきょう、にらの類で似たような香りがある。根をらっきょうのように漬けて食べても美味しかろうと思う。

浜防風

もし海辺へ行く人あらば浜防風を採らるるがいい。これは相州房州などの海辺などには砂地にたくさん生えている。この若い葉を刺身のつまなどにする。紫色を帯びてすこぶる美味しい。八百屋にあるから八百屋防風の名がある。春の砂地を分けて葉柄やら茎やらを採ってきておひたし、三杯酢などにして食べるとまことに美味しい。昔から日本で薬用として防風といわれたものもこれであるが、じつは真の薬用防風は別なもので日本には野生はない。この浜防風は青い所よりも砂に埋まった白い所を賞味する。

つる菜

鎌倉海岸辺へ行くとつる菜というのがある。茎が蔓（つる）のようだからその名がある。春から秋にかけて繁殖するものであるが、暖かい土地などでは冬でも残っている。年中花が咲いている。この葉をひたしもの、汁の実などにして食することができる。これは胃癌の薬になるといって食する人があるが、実際は胃癌の薬とは異なっている。別に胃癌の薬になる植物があるのであるが、それに浜ちしゃという別名があり、つる菜にもまた浜ちしゃという別名があるために誤られたものである。つる菜は種子を畑へ蒔くといくらでも繁殖する。四季いつでも繁殖してたくさんにとれる。あかざの葉のようで厚いのである。これが西洋人の注意を惹くようになったのには一つの話がある。昔ある船がニュージーランド付近を航海していた時、船中野菜が欠乏して船員がみな壊血病に苦しんだ。このとき付近のニュージーランドへ船をつけてみるとこのつる菜がたくさんに浜辺に繁茂していたので、さっそくこれを採って食べたら壊血病がすぐ治った。爾来西洋人はこの草をニュージーランド・スピニジと呼んでいる。すなわちニュージーランド菠薐草(ほうれんそう)の意である。挙げ来れば限りがないが、とにかく人に知られていない食用の野草がたくさん野外に萌え出でているのであるから、日かげうららかな春の野を愛づる人々は出でて大いにこれらの草を摘み、その食べ方をも新たに研究せらるることをお勧めしたい。ただ毒草を誤って採らぬよう注意せねばならぬから、なるべくは適当の指導者のあることが望ましい。女学校の先生などが日曜にでも生徒を野外に引率して摘草を試みるなどは非常に趣味深く、かつ知識を養ううえからいっても生きた野外の指導方法であると信ずる。

▲近畿から中四国、九州

〔伊吹山〕

東京への初旅

明治十四年四月、私は郷里佐川をあとに、文明開化の中心地東京へ向かって旅にでた。

その頃、東京へ旅行することは、まるで外国へでもでかけるようなものであった。

私は盛んな送別を受けて、出発した。

同行者には以前家の番頭だった佐枝竹蔵の息子の佐枝態吉と、も一人実直な会計係をつれていった。

何しろ、その頃は四国にはまだ鉄道というものなどはない時代なので、佐川の町から徒歩で高知にでて、高知から蒸汽船に乗って海路神戸に向かった。私は生まれてはじめて蒸汽船というものに乗った。

私は瀬戸内海の海上から六甲山の禿山を見てびっくりした。はじめは雪が積もっているのかと思った。土佐の山に禿山などは一つもないからであった。

神戸から京都までは陸蒸気とよばれていた汽車があったので、これを利用して京都へでた。京都から先は徒歩で、大津、水口、土山を経て鈴鹿峠を越え、四日市に向かった。道々、私は見慣れない植物に出遇って目を見張った。シラガシをはじめて見たときは、びっくりしてしまった。あまり珍らしいので、その芽生えを茶筒に入れて故郷に送り、庭に植えさせることにした。鈴鹿を越えたところでアブラチャンの花の咲いているのを見て、珍らしさの余り、これを大切にかばんに入れて東京まで持っていった。

四日市からは、再び蒸汽船に乗って横浜に向かった。この汽船は、遠州灘を通って横浜へ行くもので、外輪船だった。外輪船というのは船の両側に大きな水車がついて廻るしくみになっている船である。汽船の名は和歌浦丸といった。三等船室にごろごろして、何日かを過ごしたのち横浜についた。横浜から新橋までは、陸蒸気が通っていたので、これに乗った。

私は、新橋の駅に下りたったとき、東京の町の豪勢なのにすっかりたまげてしまった。何よりも驚いたことは人の多いことであった。

　私たちは、神田猿楽町に宿をとり、毎日東京見物をした。その時、ちょうど東京では勧業博覧会が開かれていたのでこれを見物した。

　今の帝国ホテルのあるあたりは当時山下町といっていたが、ここに博物局という役所があり、田中芳男という人がそこの局長をしていた。この人は後に男爵になり、貴族院議員になった人である。私は、この田中芳男氏に面会を求めた。田中氏はこころよく会ってくれ、その部下の小野職愨（おのもとよし）、小森頼信（こもりよしのぶ）という二人の植物係に命じて私の案内をさせてくれた。この小野氏は小野蘭山（おのらんざん）の子孫に当たる人だった。私は、植物園などを見学させてもらった。

　私は、東京へ来たついでに、ひとつ有名な日光まで足をのばしてみようと思い、五月の末、千住大橋からてくてく歩きながら日光街道を日光に向かった。途中、宇都宮に一泊した。有名な日光の杉並木は人力車で通った。

　中禅寺の湖畔で、私は石ころの間からニラのようなものが生えているのを見つけた。この植物は、ヒメニラだったと思うが、その後日光でヒメニラを採集したという話をきかないので、今だに疑問に思っている。

日光から帰京すると、すぐ荷物をまとめて帰郷することにした。帰路は、東海道をたどって陸路、京都へでる計画だつた。この時は、新橋から横浜まで陸蒸気で行き、あとは徒歩でいった。時折、人力車や馬車を利用した。

一週間ほどかかって関ケ原につくと、私は伊吹山に登ってみたくなり、他の者と京都の三条の宿で待ち合わす約束をして、ひとりで伊吹山に向かった。伊吹山の麓で、薬業を営む人の家に泊り、山を案内してもらった。伊吹山には、いろいろ珍しい植物が生えていたのでさかんに採集した。しかし、その頃は胴籃という採集具がなかったので、採集した植物は紙の間にはさんで整理した。伊吹山では、イブキスミレという珍しい植物を発見した。

この時、あまり沢山採集したので荷物が山のようになり、持ち運びに困ってしまった。泊まった家の庭先に積んであったアベマキの薪まで、珍しいので荷物の中にしまいこんだ。

伊吹山からは、長浜へでて、琵琶湖を汽船で渡り、大津へでて、京都に入った。そして三条の宿で連れと一緒になって、無事に佐川に帰ってきた。

【牧野富太郎が訪れた山】

伊吹山（いぶきやま）　所在地：滋賀県　標高：1377メートル

岐阜県と滋賀県の県境の山。ピークは滋賀県側にある。全山がほぼ石灰岩からなり、山麓にはそれを原料とするセメント工場が立地する。植物種が豊かなことは古来より知られ、近郷に山麓で採れる薬草を生活の糧にするといった歴史・文化を育んだ。また野草の群生地に恵まれ、固有種のほか1000種を超す種類の植物が育つ。ことに山頂のお花畑は滋賀県指定の天然記念物に、周辺は琵琶湖国定公園に指定された。〔地図㉙〕

〔伊吹山〕

『草木図説』のサワアザミとマアザミ

飯沼慾斎（いいぬまよくさい）の著『草木図説（そうもくずせつ）』巻之十五（文久元年［1861］辛酉発行、第三帙（ちつ）中の一冊）にその図説が載っているサワアザミの図と、そのすぐ次に出ているマアザミの図とは、それが確かに前後入り違っていることはこれまで誰も気のついた人は全くなかった。これはサワアザミの説文に対して在る図を移してマアザミの説文へ対せしめておけばよろしく、またマアザミの説文に対して在る図を移してサワアザミの説文へ対せしめておけばそれでよろしい。そうすればここに初めてサワアザミの説文がサワアザミの図に対して正しくなり、またマアザミの説文がマアザミの図に対して正しくなって、そこで両方とも間違いを取り戻して正鵠（せいこく）を得たことになる。そしてこの図の入り違いは多分偶然に著者がその前後を誤ったものであろう。今かく正してみると、従来植物界で用い来ているサワアザミと

正名サワアザミ
草木図説に間違えてマアザミの図となっている

マアザミとの和名の置き換えを行なわねばならない結果となる。すなわちCirsium Sieboldii *Miq.* はマアザミではなくてサワアザミとせねばならなく、またC. yezoense *Makino* はサワアザミではなくてマアザミと改めねばならぬのである。

近江の国伊吹山下の里人が常に採って食用にしているといわれる右のマアザミの実物を知りかつその形状を見たく、よって当時京都大学に在学中の遠藤善之君を煩(わずら)わし、実地についてそのマアザミを捜索してもらった。同君は親切にも私のためにわざわざ京都から二回も伊吹山方面へ出掛けて探査し、時にそれが伊吹山で見つからないので更に進んで美濃方面に行き、ついに伊吹山裏の方の山地においてこれを見出し、地元の人にそのマアザミの方言をも確かめ、そしてそこで採集した材料を遠く東京へ携帯して私に恵まれた。私は嬉しくもその渇望していた生本現物を手にしこれを精査するを得、初めてそのマアザミの形態を詳悉することが出来、大いに満足してこのうえもなく悦び、もってひとえに遠藤君の厚意を深謝している次第である。

マアザミとは真アザミの意であろう。この種は往々家圃に栽えて食料にするとあるから、このマアザミはあるいは菜アザミというのが本当ではなかろうかと初めは想像していたが、しかしそれはそうではなくてやはりマアザミがその名であった。このマアザミの葉は広くて軟らかいからその嫩葉は食用によいのであろう。これに反してサワアザミの方は葉が狭く分裂して刺が多くかつその質が硬いから食用には不向きである。ゆえに『草木図説』にもなんら食用のことに

正名マアザミ
草木図説に間違えてサワアザミの図となっている

は触れていない。そしてこのサワアザミは山麓原野の水傍あるいは沢の水流中などにはよく生えているが、山間渓流の側などにはあまり見ない。

小野蘭山の『本草綱目啓蒙』巻之十一「大薊 小薊」の条下に「鶏項草ハ別物ニシテ大小薊ノ外ナリ水側ニ生ズ陸地ニ生ズ和名サワアザミ葉ハ小薊葉ニ似テ岐叉多ク刺モ多シ苗高サ一二尺八九月ニ至テ茎頂ニ淡紫花ヲ開ク一茎一両花其花大ニシテ皆旁ニ向テ鶏首ノ形ニ似タル故ニ鶏項草ト名ヅク他薊ノ天ニ朝シテ開クニ異ナリ」と述べてサワアザミが明らかに書かれている。

サワアザミに右のようにかつて我が本草学者があてている鶏項草は宋の蘇頌の著わした『図経本草』から出た薊の一名であるが、これは単にその文字の意味からサワアザミにあてたもので、もとよりあたっていない別種の品であることは想像するに難くない。そして『本草綱目』で李時珍がいうには「鶏項ハ其茎ガ鶏ノ項ニ似ルニ因ルナリ」（漢文）とある。すなわち項はいわゆるウナジで後頭のことである。しかるに我国の学者は往々これを誤って鶏項草と書いているのは非である。

文化四年（１８０７）出版の丹波頼理著『本草薬名備考和訓鈔』にはサワア

ザミが正しく鶏項草となっているが、文化六年（1809）発行の水谷豊文著『物品識名』には鶏頂草となっている。

【牧野富太郎が訪れた山】

伊吹山↓182ページ

〔六甲山〕

アセビ

アセビは、またアセボと呼ばれている。通常は、山地に生えているのだが、たまにはまた人家の庭でも見受けられる。和州奈良の公園には、沢山な、アセビの樹が植えてある。これは、同公園に飼ってある、多頭の鹿が、この樹を食うのを防ぐとのことである。常緑の灌木で、余り大木にはならない。枝繁く、葉もまた多い。葉は小枝端に聚(あつ)まりつく。その葉形は、倒披針形、鋸歯(きょし)縁、革質、無毛。その花は三月に咲き、小枝頭に短い円錐花序をつけ、多花、花は短小梗を備え、白色で壺状を呈し、長さ六ミリ長がある。無毛で偏着(セクンド)、下向に向こうて開き、その花梗は、日光を受くる側は、暗赤色を呈する。その花は、四月に咲き短円錐状花穂、まれにその中央の一小梗は長く延びていることがある。花冠の口は短五歯、蕚(がく)は五片、赭赤色、無毛、雄蕊(ゆうずい)は十数、花冠内に閉在し、葯(やく)に附飾がある。子房は一個で上生、その花柱は単一である。

播州の六甲山には、白色の花冠に紅暈（こううん）のある花をつけるものがあった。また安芸の宮島、すなわち厳島には、珍しくも、紅花のものがあると聞いたことがあったが、私はその種子を播いて、その仔苗を、殖やしたら良いと思う。

アセビは有毒植物の一つである。時に農間では、圃（ほ）に作ってある野菜、また特に阿波の国では、藍の苗に虫の付いた時は、その煎汁を注いで、その虫を殺すのである。

【牧野富太郎が訪れた山】

六甲山（ろっこうさん）　所在地：兵庫県　標高：931メートル

神戸市の北側に、西は塩屋から東は宝塚まで、全長30キロメートルにわたり連綿と横たわる山系を六甲山地という。最高峰は神戸市東灘区の北側にある。六甲山には古くから、有馬温泉に通じる有馬道や、魚を運ぶ魚屋道（ととやみち）などがあり、明治に入って外国人居留地になってから背後の山に至る道が次々と開発された。そのため多くの生物の移動・分布拡大の経路にあたり、六甲山には豊かな植生が育まれている。〔地図㉚〕

〔高野山〕

紀州高野山の蛇柳

紀州の国は名だたる高野山の寺の境内地に、昔から蛇柳（じややなぎ）と呼ばれている数株のヤナギの木があって、近い頃まで生存し有名なものであったが、惜しいことには今枯れたとのことを聞いた。その幹は横斜屈曲して枝椏（しあ）を分ち葉を着け繁っている。先年私はこの高野山に登って親しくこれを見かつ枝を採って標品に作ったことがあった。

理学博士白井光太郎君はかつて我国のヤナギ類について研究したことがあった。その時分高野にこの柳を採集して検討し、その名を該柳にちなんでそのままジャヤナギと定められたので、爾後（じご）この名でこの種（スペシーズ）のヤナギを呼ぶことになっている。その学名は *Salix eriocarpa Franch. et Sav.* である。

右の蛇柳について同博士（当時は理学士）は明治二十九年（１８９６）六月発

行の『植物学雑誌』第十巻第百十二号に左の通り書かれている。すなわち、

高野山ノ蛇柳

蛇柳ハ高野山上大橋ヨリ奥ノ院ニ至ル右側ノ路傍ヲ去ル十間許ノ処ニアリ高野山独案内ニ「蛇柳の事」「此柳偃低して蛇の臥せるに似たり依之名くる与猶子細ありと云ふ尋ぬべし云々」トアル者是ナリ廿八年［牧野いう、明治］八月十三日此処ヲ過ギリ此柳ヲ採集セルトキモ枝葉ノミニテ花部ヲ欠キシヲ以テ帰京後同処小林区署山本左一郎氏ニ依頼シ本年五月其花ヲ得タリ花ハ皆雌花ナリ之ヲ検スルニ花穂ニ小柄ヲ具ヘ柄上二乃至四小葉アリ小苞ハ緑色卵円形ニシテ外面絨毛ヲ密布ス子房ハ卵円形ニシテ外面絨毛ヲ帯ビ先端ニ短柱ヲ具ヘ柱頭長ク二分ス花穂ノ全長四五分許ニシテ其本ニ倒卵形乃至匙形ノ小葉ヲ対生スルノ状十文字鎗ノ穂ニ似タリ葉ハ細長披針形ニシテ先端尖リ周辺細鋸歯アリ面ハ青ク背ハ淡ニシテ白粉ヲ塗抹セルガ如キ趣アリ長三四寸許新枝ハ浮毛ヲ帯ブレドモ旧枝ニハ毛ナシ予先年此種ヲ大隅佐多附近ニテ採リ昨年四月常州筑波山下ニテモ採レリ筑波山ニアリシ樹ハ直径壱尺余ニシテ直

聳(しょう)シ喬木ヲ成セリ此種ノ形状ハ好ク Salix eriocarpa *Fr. et Sav.* ニ符号ス此(これ)ニ相違ナシト考フ昨年学友 某(なにがし) 亦筑波山下ニテ之ヲ採集シ此ニたちしだれやなぎノ新称ヲ命セラレタルヤニ聞キシガたちしだれナル名ハ意義ニ於テモ少シク通ゼザルガ如キ嫌ナキニ非ザレバ予ハ寧(むし)ロ蛇柳ヲ以テ此種ノ普通名トナサント欲スルナリ

である。

『紀伊続風土記(きいぞくふどき)』の「高野山之部」に出ている蛇柳の記は次の如くである。

　虵柳［牧野いう、虵は蛇と同字でヘビである］息処石(こしかけいし)の南大河南岸に洲あり古柳蟠低して異風奇態あり夫木集(ふぼくしゅう)に知家朝臣(あそん)の歌に咲花に錦おりかく高野山柳の糸をたてぬきにしてといふ此歌にては虵柳のことあらわれず扶桑名勝詩集(ふそうめいしょうししゅう)に宥快法印の作とて高野山十二景の中に雪中虵柳の題のみあり本州旧跡志に虵柳大塔の東廿八町にあり昔し此所に大虵ありて妖(よう)をなせり時に弘法持呪しければ虵他所にうつりて其跡に柳生ぜり因て蚍柳といふとあり又此柳偃低大蚍に似たれば蚍柳といひ又大師の加持力にて蚍を変じて柳とならしむといふ説あれどもいぶかし近世雲石堂十八景の中に春日蚍柳の詩あり略す又俗諺に昔し此所に大蚍ありて人を害す大師これを悪み給ひて竹の箒もて大滝へ駈逐し玉ふゆへ大蚍の怨念竹の箒に残れりそがゆへに当山の竹の箒を禁ず又駈逐の時後世若此山にて竹の箒を用ば其時に来り棲めと誓約し玉ふゆへとも云ふ並にとりがたし

『紀伊国名所図会』三編、六之巻（天保九年発行）高野山の部に、この蛇柳の図が出ている。「渓の畔にありいにしへは大蛇ありて妖をなす時に弘法（大師）持咒したまいければ大蛇忽ち他所にうつりて跡に柳生ぜり因て此名ありといふ、一説に遠く是を望めば蜿蜒裊娜として百蛇の逶迤するがごとし因て名づくといふ猶尋ぬべし

夫木抄　正嘉二年毎日一首中

咲花に錦おりかく高野山柳の糸をたてぬきにして

民部卿知家

吹たびに水を手向る柳かな　　米冠」

と書いてある。

また同書蛇柳の図の上方に、「我目(わがめ)にも柳と見へて涼しさよ」麦林　の俳句と、「ともすればたけなる髪をふりみだし人の気をのむ風の蛇柳」栗陰亭　との狂歌が記してある。

昭和三年（1928）三月発行の『植物研究雑誌』第五巻第三号に「じゃやなぎノ名ノ起リ」と題し、久内清孝(ひさうちきよたか)君がこのヤナギについて「此世からさへ嫌はれて深く心を奥の院渡らぬ先に渡られぬみめうの橋の危さも後世のみせしめ蛇柳や」（巣林子(そうりんし)『女人堂高野山心中万年草(にょにんどうこうやさんしんじゅうまんねんぐさ)』）の書き出しで、いろいろと書いていられる。それへこのヤナギ研究に縁ある白井光太郎博士自筆の蛇柳原稿図も添えてある。

以前高野山で植物採集会が催された時、その指導者として私も行ったのだが、その折私は同山幹部のある僧に向かってこの蛇柳の由来をたずねてみたら、その答えに「昔高野山の寺の内に一人の僧があって陰謀を廻(めぐ)らし、寺主の僧の位置を奪い自らその位に据らんと企てたことが発覚して捕えられ、後来の見せしめのためにその僧を生埋にしたところがあの場所で、そこへあの通り柳を植え、そして右のような事情ゆえその罪悪を示すためその柳の名も蛇柳と名づけたようだ」と語られた。

右の有名なヤナギも今は既に枯死して、ただその名を後世に遺すのみとなった。上のような由来をもったヤナギであったのだから、その後継者として一株の柳樹を植えその跡を標したらどうだろう。

【牧野富太郎が訪れた山】

高野山　所在地：和歌山県　標高：800メートル

高野山とは、紀伊山脈中の楊柳山、陣ヶ峰、弁天岳などの山に囲まれた平たん地の名称。真言宗の開祖弘法大師（空海）は、高野山全体を十六弁の八葉蓮華にたとえ、中心にある大塔の四方四隅の峰を内八葉、奥ノ院の外にそびえる八峰を外八葉と見立てた。山頂には真言宗の総本山金剛峯寺と門前町がある。一帯にはスギ、マツ、マキ、ヒノキ、モミ、ツガ（高野六木）の森林地帯が広がる。〔地図㉝〕

〔三段峡〕

石吊り蜘蛛

　昭和八年の六月初旬に私は、広島文理科大学植物学教室の職員学生等二十八名と、同県山県(やまがた)郡の三段峡に行ったことがあった。

　その時、同峡を通り抜けて北行し、八幡(やわた)村の蓬(よもぎ)旅館に宿したのが同月三日であった。

　この旅館は農家構えの大きなわらぶき屋で、その周囲は畠地である。

　翌、四日に朝起きて庭へ出て見たらそのわらぶき屋根の軒から直径およそ八ミリメートル位の小石が一つ空中にぶら下がっているではないか。そしてその石の地面を離れていることおよそ四尺位の高さであった。

　これは面白いものを見つけたものだとよく注視すると、小石は蜘蛛の糸で吊られていて、又その吊り方がなかなか巧妙にできていることを知った。

これは多分、蜘蛛がはじめ、軒から出発し、一条の糸を出しつつ一旦地に降り、地面にあった手頃な石へ糸を掛け、その石の下をまわして来て、石の直上でこれを一つに合せ、その石へ掛けて二条になっている糸が開かぬように一条の横糸でしっかりそれを押えている。そして多分、はじめ軒から降りて来た時の糸の末端にそれが繋がれた形になるので、それをそのまま地面に置き、自分は再びはじめ降りて来たその糸を伝って軒までよじ登り、そこからその糸を手操(たぐ)ってその末端の石を上へ引き揚げたものであろう。

蜘蛛がなぜこんな手数のかかる芸当をするかというと、これは多分その石の重りで緊張したこの垂直の一本の糸を、かの網を張る一方、外廓の幹線としたのではないかと想像せらるる。ほかに網を張る幹線即ち骨組み糸を附着さす便宜のない広い軒先きのこと故、蜘蛛がこんな珍無類な知慧を出すようになっているのであろう。

その時、不幸にして蜘蛛がそこに見えなかったので、従ってその正体は全然分からない。東京へ帰ってからだれも御承知の蜘蛛学の権威岩田久吉君にお尋ねしてみたが、同君もこれは始めてでとのことで、遂にその名は分からずに終わった。

このような訳で、その正体はまだ突き止め得ぬけれども、どうせ本尊様が居るには居るに相違ないから、わたしはまずこれをイシツリグモと命名しておいた。これは私が畠違いの動物へ名を付けた始めである。ゴメン下さい。

昭和十年の秋に再び同旅館に宿したので、注意して見たけれども、この時はサッパリそれに出会わなかった。

この蜘蛛はきっと新種だろうから馬力をかけて採集し、そしてそれを研究し、その新学名を発表する価値が充分にあると信ずる。今後果してだれがその功名をかち得るであろうか。

【牧野富太郎が訪れた山】

三段峡（さんだんきょう）　所在地：広島県　標高：350〜800メートル

国の特別名勝「三段峡」は長さ約13キロメートルにも及ぶ峡谷。西中国山地国定公園の一部である。広島県の最高峰である恐羅漢山（おそらかんざん）に源を発し、広島市内を流れる太田川の源流ともなっている。三ツ滝、二段滝など多くの滝や奇岩を有し、絶景を楽しめる。付近一帯はブナやトチなどの原生林に覆われ、美しい紅葉で

知られる。また、ツキノワグマの本州最南端の生息地であり、ヤマネやテンなども見られる。〔地図㉞〕

〔三段峡〕

万年芝

今日はかつて昭和九年（1934）六月発行の雑誌『本草』第二十二号に発表せる左の拙文「万年芝の一瞥」を図とともに転載するために筆をとった。

万年芝の一瞥

マンネンタケはいわゆる芝すなわち霊芝（れいし）の一つで、菌類中担子菌門の多孔菌科に属し Fomes japonica *Fr.* の学名を有するものである。これはその菌蓋（かさ）普通はその柄がその蓋の一方辺縁の所に着いているが、その多数の中にはその柄が菌蓋の裏面正中に着いて正しい楯形（たてがた）を呈するものが珍らしくない。そしてこの楯形品と普通品との間にはその中間型のものを見ることけっして珍らしい現われではない。私は今このような種々の型の標品を所蔵しているが、これはかつて常州の筑波山

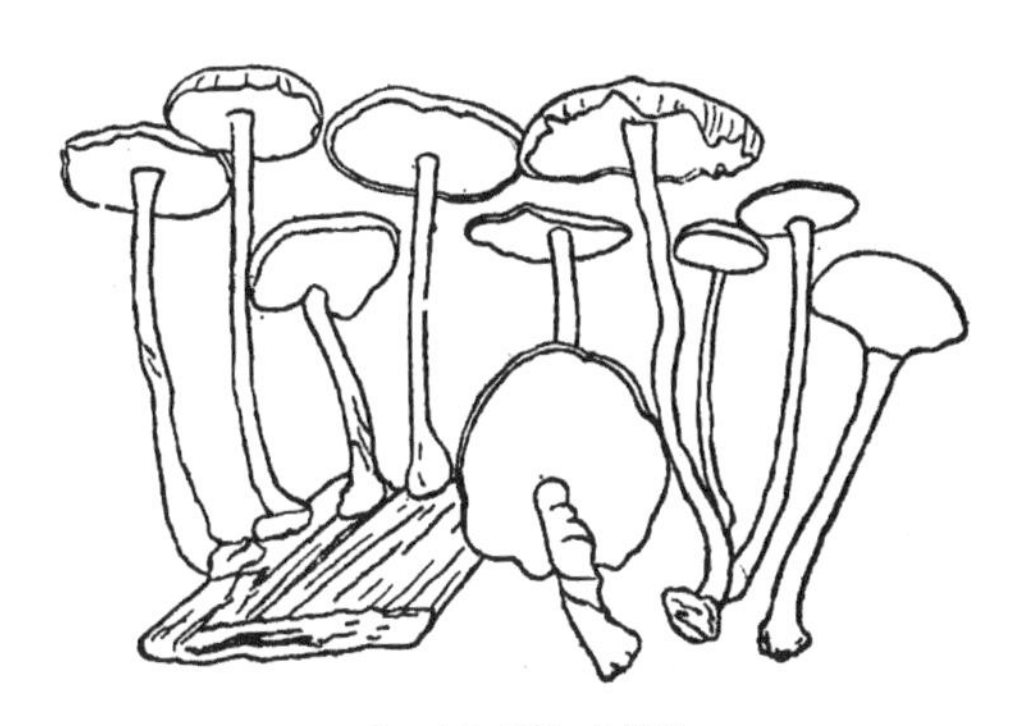

マンネンタケの種々の形状

の売店で多数これを買いこんで来たものである。また私は幾年か前にこの楯形型のものを播州で得たこともあった。

マンネンタケには別にサイハイタケ、カドイデダケ、カドデダケ、キッショウダケ、レイシなどの芽出度い名もあれば、またマゴジャクシ、ネコジャクシ、ヤマノカミノシャクシなどの形から来た名もある。

支那の説では芝には五色の品があるということだ。この五色芝は小野蘭山（おのらんざん）は「仙薬ニシテ尋常ノ品ニ非ズ其（その）説ク所尤（もっと）モ怪シク信ズベカラズ」と書いているが、それはまさにその通りであろうと思う。

我国の学者は上のマンネンタケを霊芝の中の紫芝にあてている。これは『本草綱（ほんぞうこう）

目』に芝に五品あるとしてこれを青芝、赤芝、黄芝（金芝）、白芝（一名玉芝、素芝）、紫芝（一名木芝）に別っており、その紫芝をマンネンタケにあてたものである。

支那の書物の『秘伝花鏡』の霊芝の文を左に紹介しよう、なかなか面白く書いてある。

霊芝、一名ハ三秀、王者ノ徳仁ナレバ則チ生ズ、市食ノ菌ニ非ラズシテ、乃チ瑞草ナリ、種類同ジカラズ、惟黄紫二色ノ者、山中常ニアリ、其形チ鹿角ノ如ク或ハ繖蓋ノ如シ、皆堅実芳香、之レヲ叩ケバ声アリ、服食家多ク採テ帰リ、籭ヲ以テ盛リ飯甑ノ上ニ置キ、蒸シ熟シ晒シ乾セバ、蔵スルコト久フシテ壊レズ、備テ道糧ト作ス、又芝草ハ一年ニ三タビ花サク、之レヲ食ヘバ人ヲシテ長生セシム、然レドモ芝ハ山川ノ霊異ヲ稟テ生ズト雖ドモ、亦種植スベシ、道家之レヲ植ル法、毎ニ糯米飯ヲ以テ搗爛シ、雄黄鹿頭血ヲ加ヘ、曝乾ノ冬笋ヲ包ミ、冬至ノ日ヲ候テ、土中ニ埋メバ自ラ出ヅ、或ハ薬ヲ灌イデ老樹腐爛ノ処ニ入レバ、来年雷雨ノ後、即チ各色ノ霊芝ヲ得ベシ、雅人

取テ盆松ノ下、蘭薫ノ中ニ置ケバ、甚ダ逸致アリ、且能ク久シキニ耐テ壊レズ、(漢文)

であって、これに付けて五色芝、木芝、草芝、石芝、肉芝の諸品が挙げられ、そのあとに下の文章がある。

芝ハ原ト仙品、其形色変幻、端倪スベキナシ、故ニ霊芝ノ称アリ、惟有縁ノ者之レニ遇フコトヲ得ルノミ、採芝図所載ノ名目ニ拠ルニ、数百種アリ、茲ニ止ダ其十分ノ三ヲ録シ、以テ山林高隠ノ士、服食ヲ為ス参巧ノ一助ニ備フルナリ、(漢文)

唐画中によく霊芝が描いてあるが、いつもその菌蓋上面に太い鬚線が描き足してあるのを見る。これは多分その蓋面へ松の葉が墜ちているに擬したものであろうか。これは画工であればよくそのワケを知っているであろう。

芝の字はもとは之の字であって、これは篆文に草が地上に生ずる形に象っての字である。しかるに後の人がこの字を借りてこれを語辞としたので止むを得ず、ついに艸をその字上に加えてこれを別つようにしたとのことであると見えている。

芝について李時珍はその著『本草綱目』の芝の「集解」にこれを述べているが、その文中に「芝ノ類甚ダ多シ亦花実アル者アリ、本草ニ惟六芝ヲ以テ名ヲ標ハス然レドモ其種属ヲ識ラズンバアルベカラズ、神農経ニ云ク、山川雲雨四時五行陰陽昼夜ノ精以テ五色ノ神芝ヲ生ジ聖王ノ休祥ト為ル、瑞応図ニ云ク、芝草ハ常ニ六月ヲ以テ生ズ春青ク夏紫ニ秋白ク冬黒シト、葛洪ガ抱朴子ニ云ク、芝ニ石芝木芝肉芝菌芝アリテ凡ソ数百種ナリ云々」（漢文）の語がある。

按ずるに支那で芝と唱えるものはその範囲がすこぶる広く、中には無論マンネンタケのような菌類もあるが、なお他の異形の菌類もある。また海にある珊瑚礁の一種であるキクメイ石の如きものも含まれているようである。また玉のような石もあり、また方解石のようなものもありはせぬかと思われる。また菌形を呈した寄生植物などもあるようである。

雑誌『本草』誌上の文は右で終わっているが、今いささかそれへ書き足してみれば、上の楯形をしたマンネンタケへ対し私は forma peltatus（これは楯形の意）の新品名を設け、これを Fomes dimidiatus (*Thunb.*) *Makino*, nov. comb. (=*Boletus dimidiata* Thunb. Fl. Jap. p.348, tab. XXXIX. 1784) forma peltatus *Makino* (Stipe inserted to pileus centrally or excentrically.) と定め、そしてそれをカラカサマンネンタケと新称する。川村清一博士の『食菌と毒菌』ならびに『日本菌類図説』、朝比奈泰彦（やすひこ）博士監修の『日本隠花植物図鑑』、または広江勇博士の『最新応用菌蕈学』等の諸書にはこの楯形を呈した品すなわち forma は一向に書いてないところをもってみると、菌学者もあまりこれを見ていないようだ。

右 Thunberg 氏の著 Flora Japonica（１７８４我が天明四年刊行）の書に出ている記載文を伴ったマンネンタケの図を同書から写して左に掲げてみる。これは西洋の書物に

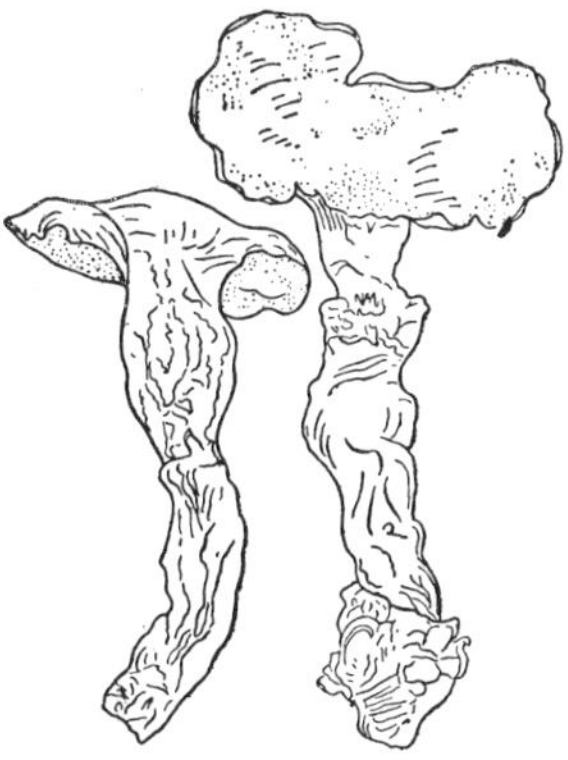

Boletus dimidiatus *Thunb.*
Mannen Taki
（*Thunberg*, Fl. Jap. p.348, tab. XXXIX）
Fomes dimidiatus *Makino*（nov. comb.）
マンネンタケ

載っている本菌最初の写生図である。

先年私は広島県安芸の国の三段峡入口で銀白色を呈していたマンネンタケ一個、その菌蓋の直径およそ十センチメートルばかりのものを得て東京に持ち帰った。その菌体の色から私はこれをシロマンネンタケと号けたが、その学名は未詳である。多分一つの新種に属するものであろうと想像するが、そのうち菌学専門家に聴いてみたいと思っている。

【牧野富太郎が訪れた山】

三段峡↓198ページ

〔佐川の山野〕

地獄虫

土佐の国は高岡郡、佐川の町に生まれた私は、子供のころよく町の上の金峰（きんぷ）神社の山へ遊びにいった。山は子供にとって何となく面白いところで、鎌を持っていって木を伐り、冬になるとコボテ（方言、小鳥を捕る仕掛け）を掛け、またキノコを採り、又陣処を作って戦さ事をしたりした。

この金峰神社はふつうには午王様（ごうさま）と呼ばれてわれらの氏神様であった。麓から大分石段を登ってから、社地になるが、その社殿の前はかなり広い神庭、すなわち広場があった。

この社の周囲は森林で、主に常緑樹が多く、神殿に対する南の崖の一面を除いて他の三方は神庭より低く、斜面地になっていて、そこが樹林である。西の斜面の林中に一つの大きなシイの木があって、われらは、これを大ジイと呼んでいた。

一抱え半ほどもある大きさの高い木であった。

秋がきて、熟したシイの実が落ちる頃になると、この神社の山はよくシイ拾いの子供に見舞われた。

シイは、みな実のまるい種でくわしくいえばコジイ、一名ツブラジイであるが、土地では単にこれをシイと呼び、ただその中で実の比較的大形なものをヤカンジイといい、極めて稀ではあるが極小粒でやせて長い形をしたものを小米ジイととなえていた。

さて、この大ジイの木は、山の斜面に生えていて、その木の下あたりへももちろんシイ拾いに行ったわけだ。その木の下の方は大きな幹下（みきした）になっていて、日光もあまり届かず、うす暗くじめじめしていて、落葉が堆積していた。

私は、一日シイ拾いにここに来て、そこの落葉をかき分けかき分けして、落ちているシイの実をさがしていたところ、その落葉をさっとかき除けて見た刹那、「アッ！」と驚いた。そこには何百となく、数知れぬ蛆虫（うじむし）がうごめいていた。うす黒い色をした長い六、七分位の蛆だった。それはちょうど厠（かわや）の蛆虫の尾を取り除いたような奴で、幅およそ一寸半ぐらいの帯をなし、連々と密集してうごめいているではないか。

　私は元来、毛虫（方言、イラ）だの、芋虫だののようなものが大嫌いなので、これを見るや否や、「こりゃ、たまらん！」と、大急ぎでその場を去ったが、今日でも、それを思い出すと、そのうようよと体を蠕動（ぜんどう）させていたことが目先きに浮び、何となくゾーッとする。しかし、その後私は今日に至るまでどこでも再びこんな虫に出会ったことがない。

　この大ジイの木は、その後枯れてしまい、私が、二、三年前に久し振りに郷里に帰省したとき、そこに立寄ってみたらもはやその木は何の跡型もなくなっていた。

　この蛆虫を見たとき、私と同町の学友堀見克礼（かつひろ）君にこのことを話したら同君は、「それは地獄虫というものだ」といったが、その時分まだ子供だった同君がどうしてそんな名を知っていたのか分からない。あるいは、当意即妙的に同君の創意で言ったのかもしれない。しかし、そこのことは今もって判らない。同君は、既に他界しているので、今さらこれを確める由もない。がしかし、とに角、地獄虫の名は、この暗いじめじめした落葉の下に棲むうす黒い蛆虫に対しては名実相称（との）

うた好称であるといえる。

私の考えでは、この蛆虫は孵化すれば一種のハエになる幼虫ではなかろうかと想像するが心当りのある昆虫学者に御教示を願いたいと思っている。従来、二、三の御方に聴いてはみたけれど、どうも満足な答えが得られなく何となく物足りなく感ずる。

しかし、現在わが昆虫界もなかなか多士済々であるから、「うん、そりゃ何でもない。そりゃこれこれだ」と、蒙を啓いてくれる御方がないとも限らない。しかし、もし不幸にしていよいよそれがないとなると、わたしは、日本の昆虫界に、まだこんな未知の世界が存在していることを知らせてあげたいという気になる。

ついでに、ここに面白いのは、この金峰神社の庭の西に向かったところが石垣になっていて、私の若かりし時分には、その石垣の間にタマシダが生えていたことを思い出す。それはもとより人の植えたものではない。元来、タマシダは瀕海地にある羊歯だが、それが全く山いく重も隔て、海からは四里余りも奥のこの地点に生えていることはまことに珍らしい。残念なことには、今日、それがとっくに絶滅してしまっていて、すでに昔話になってしまったことである。

今一つ、興味あることは、佐川の町を離れてずっと北の方に下山（しもやま）というところがあり、そこを流れているヤナゼ川にそった路側の岩上に海辺植物のフジナデシコが野生していた。これは私の少年時代のことであったが、今はとっくにそこに絶えて、これも昨日は今日の昔語りとなったのである。

狐のヘダマ

幼少の頃、私は郷里佐川の附近の山へ、よく山遊びにいった。ある時、うす暗いシイの林の中をかさかさと落葉を踏んで歩いていると、可笑しなものが目についた。フットボールほどもある白い丸い玉が、落葉の間から頭を出していたのだ。私は「何だろう」と思って恐る恐るこれに近寄っていった。しかし、別に動きだしたりもせず、じっとしている。

「ははあ、これはキノコの化物だな」と私は直感した。そして、この白い大きな玉を手で撫でてみた。すると、これはその肌ざわりからいって、まさにキノコであることが判った。「ずいぶん変わったキノコもあるもんだな、こりゃ驚いた」と、私はすっかりびっくりしてしまった。

家に帰ってから、山で見たキノコの化物のことを祖母に話すと、祖母は、「そ

んな妙なキノコがあっつるか？」と不思議そうにいった。これを聞いていた下女が、

「それや、キツネノヘダマとちがいますかね」

といったので私は、びっくりして下女の顔を見た。すると下女は、「そりゃ、キツネノヘダマにかわりません。うちの方じゃ、テングノヘダマともいいますさに」といった。

この下女は、いろいろな草やキノコの名を知っていて、私はたびたびへこまされたものである。

ある時、町はずれの小川から採ってきた水草を庭の鉢に浮かしておいたが、私はそれがどんな名の水草か知らなかった。すると、この下女が「その草、ヒルムシロとかわりませんね」といったので私はびっくりした。その後、高知で買った『救荒本草』という本を見ていたら、「眼子菜」という植物がのって居り、これにヒルムシロという名がでていた。まさに、下女のいった通りだった。

さて、私が山で見たキツネノヘダマは、狐の屁玉の意で、妙な名である。天狗の屁玉ともいう。これは一つのキノコであって、屁玉といっても別に、屁のよう

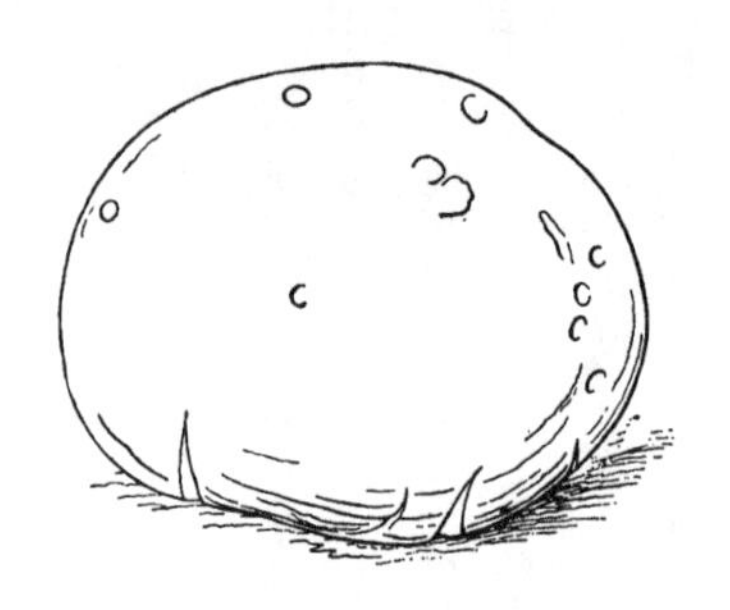

キツネノヘダマ即ちオニフスベ
Lasiosphaera nipponica *Kobayashi*（= *Calvatia nipponica* Kawamura）

な悪臭はない。それのみか、食用になる。このキノコは、常に忽然として地面の上に白く丸く出現する怪物である。

五、六月の候、竹藪、樹林下あるいは墓地のようなところに生える。大きさは人の頭ほどになる。はじめは、小さいが、次第に膨らんで来て、意外に大きくなる。小さいうちは色が白く、肉質で、中が充実しており、脆くて豆腐のようだが、後には漸次、色が変わり、ついに褐色になって、軽虚となり、中から煙が吹き出て気中に散漫するようになるが、この煙は、即ち胞子であるから、胞子雲と名づけても満更らではあるまい。

今から一カ年も前にでた深江輔仁の『本

草和名』にこのキノコはオニフスベとでている。この名の意味は、「鬼を燻べる」意だとも取れるが、私はフスベは「こぶ」のことであろうと思っている。つまりオニフスベとは、「鬼のこぶ」の意であると推考される。こぶこぶしく、ずっしりと太った体の鬼のことだから、すばらしく大きなこぶが膨れでてもよいのだ。そして、鬼を燻べるということだと解する人があったら、その人の考えは浅薄な想像の説であると思う。

　このオニフスベは、わかいとき食用になる。今から、二百四十年ほど前の正徳五年（一七一五年）に発行された『倭漢三才図会』には、

「薄皮ありて、灰白色、肉白く、すこぶるショウロに似たり、煮て食うに、味淡甘なり」

と書かれている。この時代、すでにこんなキノコを食することを知っていたのは面白い事実である。

　なおこのキノコを日本特産のキノコと認めて、はじめてその学名を発表したのは川村清一博士であった。

〔佐川の山野〕

火の玉を見たこと

時は、明治十五、六年頃、私がまだ二十一、二才頃の時であったろうと思っているが、その時分に時々、高知（土佐）から七里ほどの夜道を踏んで西方の郷里、佐川町へ帰ったことがあった。

かく夜中に歩いて帰ることは当時すこぶる興味を覚えていたので時々これを実行した。即ちある時は一人、又ある時は友人二、三人と一緒であった。

ある夏に、例の通り一人で高知から佐川に向かった。郷里からさほど遠くない加茂村の内の字（あざ）、長竹（ながたけ）という在所に国道があって、そこが南向けに通じていた。北国道の両側は低い山でその向こうの山はそれより高かった。まっ暗な夜で、別に風もなく静かであった。

多分午前三時頃でもあったろうか。ふと、向こうを見ると突然空高く西の方から一個の火の玉が東に向いて水平に飛んで来た。ハッと思って見る内に、多分そこな山の木か、もしくは岩かに突き当たったのであろう。パッと花火の火のように火花が散り砕けてすぐ消えてしまって、後はまっ暗であった。そして、その火の玉の色は少し赤みがかっていたように感じ、あえて青白いような光ではなかった。

次は、これと前後した頃であったと思う。やはり、暗い闇の夜に高知から郷里に向かっての帰途、岩目地（いわめじ）というところの低い岡の南側を通るように道がついている。この岡のところに林があって、そこに小さい神社があり、土地の人はこれを御竜様（おたつさま）と呼んでいる。この神社の下が即ち通路で、これは国道から南に少し離れた間道である。そしてこの道の南方一帯が水のある湿地で、小灌木や水草などが生え繁って田などはなく、またもとよりその近辺には一軒の人家も見えず、人家からは大分隔たっている淋しい場所で、南東には岡があり、その麓に小さい川が流れて、右の湿地を抱いている。

ある年の夏、暗い夜の三時か、四時頃でもあったであろう。私は御竜様の下の道からふと向こうを見ると、その東南一町ほどの湿地、灌木などの茂っている辺にごく低く、一個の静かな火が見えていた。それは光の弱い火で極めて静かにじーっと沈んだようになっていた。私はこれを一つの陰火であったと今も思っているが、そこはよくケチビ（土佐では陰火をこういう）が出るといわれている地域である。

次は明治八、九年頃のことではなかったかと思っているが、私の佐川町で見た火の玉である。それは、まだ宵の内であったが、町で遊んでいると町の人家と人家との間からこの火の玉が見えた。これは、光りのごく弱い大きなまるい玉で、淡い月を見るような火の玉であった。この火の玉は上からやや斜めにゆるやかに下りてきて地面に近くなったところで、ついに人家に遮られて見えなくなった。そこの町名は新町（しんちょう）で、その外側は東に向かい、それから稲田がつづいていた。

なお、四国には、陰火がよく現われるところとして知られている土地がある。それは、徳島県海部郡なる日和佐町（ひわさちょう）の附近で、ここには一つの川があって、その川の辺には時々陰火が現われるという。陰火の研究にでかけてみると面白いところだと思われる。

〔横倉山〕

いわゆる京丸の牡丹

今を距(さ)ること九十三年前の天保十四年に出版せられた書に、『雲萍雑志(うんぴょうざっし)』と題するものがある。淇園(きえん)柳澤里恭(さととも)の随筆である。その巻の三に左の記事がある。

東海道浜松というに宿りし時、家のあるじの申(もうす)は、このところ天龍川に添て十五里ほど山に入れば、遠江と信濃の国のさかいなる川ぞいの地に京丸と呼ぶところあり。その地は他より人の行(いき)かうべきところにもあらず……所の人のかたりけるは、この山を登りて凹(くぼや)かなるところより見れば珍らしき花ありとて案内しければ、男行きて見るに、はるかなる岨(そば)のもとにながれあり。水勢の屈曲して激する声のいさぎよきけはいいうべくもあらず。渓間(たにま)を遠くへだててその大(おおき)さふたかかえもあらんとおもうばかりの樹に、色紅にして黄をおびたる花今をさかりと咲たり。夏の事なれば、あまりの暑さに案内の人は木の葉をいただきたり。さていうよう此花の大さここより見ればさほどにもあらず。この川の末尻というところにこの花のちりて流れ行けるを拾いしものあり。花びらのわたり一尺余もあるべしと語れり。いかなる木の花にかたえて知る人なし。遠江の国人はこれを京丸の牡丹とて今猶ありという。この頃は人もゆきかうことありてこの地へもいたれど、この花のある渓へ尋ねゆきて見る人なしとぞ……。

この京丸の牡丹というものは無論真正の牡丹（牡丹は支那の原産であってわが日本には天然に産しない）でなく、私の考えではそれは疑いもなくモクレン科のホオノキすなわちMagnolia obovate Thunb. であると思う。この樹は山地の森林中にもよくあるもので往々大木となっている。生長の速かなる樹でその葉は枝端にほぼ車形に相集まって四方に開き、その状すこぶる雄大である。初夏その新たに拡げた車状の大葉の中央に花が咲いて、その大形な数片の花弁を開展せる状を高きより遥かに下瞰する時は、その葉の緑波の表に白く浮き出て輝ける花は遠目にはことに著しく大形に見えかつそう想像せられるものである。私は私の郷里の隣の越智町の西に聳ゆる土地で名高い横倉山に登って、同山中不動ヶ懸崖（土佐にては滝ならぬ懸崖をタキと称する。それゆえかのカノコユリをタキユリと呼び、ぎほうしの一種をタキナといい、イワタバコをタキヂシャと称える。これらはみな懸崖の場処に生じているからである）の高き巌頭から海のように開展せる森林を眺むる時、度々このような景色に逢着したことを記憶する。ホオノキの花は花弁が数片あってちょうど蓮華の花のように開き、その太陽の光を受けて正開（図に見るように）する時は直径およそ六寸ほどもあってすこぶる見事なものである。上記『雲萍雑志』からの記事中「花びらのわたり一尺余あるべし」といっているのはすこぶる誇大に失したいいぐさでそれほど大きなものではない。そして花は帯黄白色すなわちクリーム色で強い香気が鼻を撲ち、花中に紅色の美しい花糸が多数あって開出するので、上の『雑志』の文中「色紅にして黄をおびたる花」とあるのは、まさにこの花弁の色と花糸の華美な色とをいったものだ。この花糸ある雄蕊は蕊柱の腰部を擁してつき、この蕊柱の周囲にはまた多数の雌蕊がかたまり着いており、秋になってそれが靫形の大きな果穂となり、各果の殻片が開裂すると中から赤色の種子が出て白い糸でぶら吊がる。材はむしろ軟らかで往時は刀の鞘に賞用せられたものだが、なお板木、截板など種々の用途がある。葉は秋ふけて風に散り、枝端に鳥爪状の大きな芽を残し、春来たれば開舒して大なる薄質の托葉は風に落ち、黄緑の嫩葉が出て間もなく生長し、大形の新緑葉を展開するのである。盛夏の候、風に吹かれて葉裏の白き色を山坡に翻す時は、一句欲しき雅趣を覚えることあたかも裏返る葛の葉を望むと同様である。この葉は山村では物を包むに利用せられ、飛騨の国では家に一樹あればその家の財産に数え入れられると聞いたことがあった。

ホオノキの花と実
Magnoria obovata Thunb.

ホオノキはモクレン、コブシ、シデコブシ、カムシバ（タムシバの正名）などと同属で皆木に多少の香気がある。日本では古くからこのホオノキを支那の厚朴(こうぼく)にあてたものだが、それは確かにあたっていなく、厚朴は Magnolia officinalis *Rehd. et Wils.* の学名を有するものである。わが邦では右のように厚朴をホオノキとしていたので、それで今でもホオノキの場合によく朴の字が用られているのはこの厚朴を略したものである。

またわが邦の本草家はホオノキを浮爛羅勒(ふらんらろく)だといっているが、これも断じてあたっていない。また商州厚朴もまた決してわがホオノキではない。わがホオノキは支那には産しないからしたがって支那の名はアリマセン。

【牧野富太郎が訪れた山】

横倉山(よこぐらやま)　所在地：高知県　標高：800メートル

低山だが地元の越智町(おちちょう)はもとより、県内外に広く知られている。その理由の一つが、4億年以上前のシルル紀のものとされる山体の地質にある。ここではコノドントと呼ばれる日本最古の化石をはじめ、サンゴや三葉虫の化石が見つかっている。また、植物の種類が豊富で、近接する佐川町(さかわちょう)出身の牧野富太郎が足しげく通って、ヨコグラックバネ、ヨコグラノキ、トサジョウロウホトトギスなど多くの新種を発見・命名した山としても有名である。〔地図㉟〕

【土佐の奥山】

シシンラン

シシンランという名は、その意味まったく不明である。主として土佐の奥山の大樹上に生えている常緑の矮灌木で珍しい、ゴマノハグサ科のものである。花は筒咲で、淡紅色を呈し、横に向いて発らいている。この種は肥後阿蘇の外輪山（以前田代善太郎氏が、大樹に登り、採らんとして、熊蜂に螫されたことを記憶している）、また大和の吉野山中にも、稀れに見られ、何でも天然記念物に指定せられたことがあり、当時、右委員の一人白井光太郎博士が、右植物を私に聴きにきたことがあったことを覚えている。

土佐吾川郡名野川村、北川の林中大樹上にあったものを、私は採り来って、佐川町のわが庭の枯木へ着けて、花を咲かせ、当時、それを、私が親しく写生しました。そしてその記念の図が、今私の手許に保存してある。

シシンラン

225 近畿から中四国、九州

【牧野富太郎が訪れた山】

土佐の奥山　所在地：高知県

牧野富太郎の出身である高知県（土佐）は、四国地方の南部を占める。県の大部分は森林に覆われた山で、県北部には四国山地が横断し、愛媛県と徳島県に接する。四国山地は石鎚山（1982メートル）や剣山（1955メートル）、三嶺（1894メートル）などがある。「奥山」は山の名称ではなく、四国山地の中でも標高が高い、奥深い場所を指していると思われる。〔地図㊱〕

〔奥の土居〕

桜に寄せて

高知県土佐国高岡郡佐川町は、私の生まれ故郷で、そこは遠近の山で囲まれ、春日川の流れを帯びた一市街であって、郊外には田園が相つらなっている。

この地は、明治維新前は国主山内侯の特別待遇を受けていた深尾家、一万石の領地の核心区であった。

従って士輩の多いところで、自然に学問がさかんであった。この地よりの近代の出身者には、まず宮内大臣たりし田中光顕、貴族院議員たりし古沢滋（旧名迂郎）、侍従たりし片岡利和、県知事たりし井原昂、大学教授たりし工学博士広井勇、同じく法学博士土方寧、その他医学博士山崎正薫など、多くの人材を輩出した。

昔は、「佐川山分学者あり」と評判せられた土地で、当時の名教館と称する深尾家直轄の学校があって、専ら儒学を教え、従って儒学者が多かった。

この佐川町の中央のところから、南へはいった場所を奥の土居という。東西と南の奥とは山を以て限っている小区域で、奥の方から一つの渓流が流れでている。その西側の山にそって一寺院があって、これを青源寺という。土地では由緒ある有名な古刹で、そのうしろは森林鬱蒼たる山を負い、前はかの渓流のある窪地を下瞰している。寺の前方と下の地はむかしから桜樹が多いところで、これはみないわゆるヤマザクラである。

今から五十数年前の明治三十五年、当時、土佐には東京に多く見るソメイヨシノがなかったので、私はその苗木数十本を土佐へ送り、その一部を高知五台山に、またその一部をわが郷里の佐川にも配った。今この五台山竹林寺の庭にはこのときのソメイヨシノの木が数本あるが、これはそのかみ同寺の住職船岡芳作師が、私の送った苗木を植えたものだ。しかるに今日同寺の僧侶たちは一向にこのソメイヨシノの木の由来を識らぬようだ。

佐川では、当時佐川にいた私の友人堀田孫之氏が、これを諸所にわかち、中の若干本を右の奥の土居へ植え、従来のヤマザクラにこれを伍せしめた。

それが、年をへて生長し、五十余年をへた今日では既に合抱の大木となり、毎年四月には枝を埋めて多くの花を着け、ヤマザクラと共に競争して、ことに壮観を呈する。

今日、この奥の土居は佐川町にあって一つの桜の名所となって、その名が四方に聞こえ、丁度同町は高知から須崎港に通ずる鉄道の一駅佐川駅に当たっているので、花時には観桜客が、遠近から押しかけ来り、雑沓を極め、臨時にいろいろの店や、掛茶屋ができ、また大小のボンボリをともし、花下ではそこここに宴を張って大いに賑わい、夜に入れば夜桜を賞し、深更に及ぶまで騒いでいる。

私は、自分の送った桜が、かくも大きくなり、またかくも盛んに花が咲くにかかわらず、いつもその花を観る好機を逸し、残念に思っていたが、遂に意を決し、昭和十一年四月、久しぶりで帰省し、珍らしくもはじめてその花見をした。そしてわが送りし桜樹が、かくも巨大に成長したのを眺めて喜ぶと同時に、自分もまたその樹齢と併行して、正に三十余年を空過し、樹はこのように盛んに花をつけたが、われは一事の済(な)すことなくいたずらに年波の寄するを嘆じ、どうしても無量の感慨を禁ずることができなかった。

しかし、幸に、私の心づくしのこの木がかくもよく成長して花を開き、幾分かでも花見客を引き寄せるために、わが郷里をにぎわす一助にもなっていれば、これこそそれを往時に贈った意義があったというべきもので、真に幸甚の至りである。そこで、花見客に与うるために、土地の友人のもとめに応じて、左の咄吟をビラとなし、これをみんなに唄わしていささか景気をつける一助とした。

歌いはやせや　佐川の桜
　町は　一面　花の雲

匂う万朶（ばんだ）の桜の佐川
　土佐で名高い花名所

【牧野富太郎が訪れた山】

奥の土居（おくのどい）　所在地：高知県

佐川町（さかわちょう）出身の牧野富太郎から贈られたソメイヨシノの苗を奥の土居などに植えたことをきっかけとして、同町は桜の名所となる。戦後荒廃したが地元の人々が甦らせ、1958年に「牧野公園」と改めた（園にはその前年に死去した牧野富太郎の遺骨が分骨されている）。桜が老木となったことから、2008年より桜の再生事業を開始。また、園内には希少種も含めてさまざまな山野草も育てられており、四季折々に楽しめる。〔地図㊲〕

〔井ノ内谷〕

豊後に梅の野生地を訪う

九州の豊後ならびに日向の地には梅の野生地があると聞き、ぜひ一度はそれの実地見分をいたしたいものと思っていた。しかしなにぶん東京より遠い九州のことであるので、思うにまかせずこれまでその希望が達せられなかったうらみがあった。

ところが今回、かねてあこがれていた梅の野生地を実地に見ることを得て、初めてその状況が判明し、年来の切望を果たすことができた。

私は昭和十五年十月十八日東京を立って、かねて招きにあずかっていた広島文理科大学へ、学生の実地指導と講義とに出かけた。それが済むと、同月三十一日宇品港から出航して、その翌日すなわち十一月一日早暁に豊後の大分市に上陸した。

同地では大分県教育会が主となり、同国の臼杵町（うすきまち）、佐伯町を中心として四日間植物の採集会が催されたので、ヘッカニガキの大木ある四浦村（よううらむら）久保泊にも行き、またショウベンノキ、モクタチバナ、ヒゼンマユミ、スナゴショウ、クルマバアカネ、イワガネなどのある津久見島へも行った。

上の四日のうちの十一月三日に梅の野生をビジットすべくおもむいた。すなわちその目的地は豊後南海部郡因尾（いんび）村の地内であって、そこは佐伯町からやや南よりの西方七里ほども奥の地点で、井ノ内谷という所である。ここは左右は山で、一条の渓流が山間の奥から流れいで、入口の辺はその流れの付近にボツボツ農家が点在しているが、奥の方へいたるにしたがい人家はなくなる。このなくなったなお奥の方から渓流の両岸に沿うて梅の樹が断続して野生しており、その数はすこぶる多い。そして古木もあれば若木もある。また渓流へ落ち込む小さい谷川の奥、すなわち人家のない山間にも生じているといわれる。すべてみると井ノ内谷のその樹の総数は大小をまじえてザット千本ほどもあらんかとのことである。

今はちょうど晩秋であれば、その葉も半ばは散っていてなんの風情もこれなく、ただ大小の繋き枝が梅独特の樹勢を見せているにすぎないのであったが、しかし春の花のときはまったく俗塵を離れた境地でなかなか佳い眺めであるといわれる。

聞くところによれば、以前はしかたのない無用の樹として伐りすてしだいにしたこともあり、植木屋が盆栽用としてその株を掘り取りに入り込みきても、村人はかえってこんな邪魔な樹を除いてくれると喜んでいたとのこともあったが、近年その樹の減るのを惜しむ人々ができてそれは禁制にしたそうだ。そして今日では時局がら梅の実に値が出てきたのでかえってその樹をだいじがり、もっぱら実を採ることにしているとのよしである。

この梅は支那と同様に果して日本にも天然に野生していたのか否か。私のひそかに考えるところでは、元来梅は日本の固有種ではないと断じたい。そしてこれはよほど遠い昔に桃や李（すもも）と同じように支那から伝えたものであろうと信ずる。九州は太古、大陸からの人種が古く入り込んできた地であるから、それらの人々によりて持ちきたされ、それがもととなって、大昔その人種の入り込みしところにしだいに繁殖し、今日では世の変遷につれてもはやその人種はそこにいなくても、またその住所跡はまったく湮滅（いんめつ）して今はまったく見られなくとも、その梅は依然として爾来悠久な星霜の間、葉落ち花開いて連綿その生を続けているものであるであろう。見渡すところ今日非常に古い老樹は見当たらんが、これは元来梅はスギ、クスノキなどのように、そう永年生をとげ得る樹ではないので、その間新陳代謝し、したがって今では古代の樹は認め得られぬのである。そしてその繁殖はその梅の実が自ら地に落ち、すなわちそこに自然に仔苗が生えてほしいままに生長するのである。梅樹が主として渓流に沿うた地にあるところをもって見れば、梅の特性はこんな土地を好むものと見て差支えはなかろう。それはちょうどカワラハンノキ、あるいはネコヤナギが河辺の地を好んで生活しているのと同じ理屈で、水を見て暮らすのがかれの天性であるのだろう。

なお大分県の『史蹟名勝天然記念物調査報告』第十五輯によれば、上のほか、梅の野生地は、やはり南海部郡なる因尾村の黒岩、切畑村の提内(ひさぎうち)、上堅田大越(おおごえ)の船河内(ふなかわち)、同じく富士河内(ふじかわち)、下堅田の石打(いしうち)にもあると記してある。そしてなおその他そこここにもあるとのことである。また日向の国の北部地にもあると聞いた。

昭和十五年十二月十四日大分県別府の温泉客舎にて記す。

【牧野富太郎が訪れた山】

井ノ内谷（いのうちだに）　所在地：大分県

豊後（ぶんご）は現在の大分県にあたり、県花・県木は豊後梅である。豊後梅は豊後発祥の梅の一品種で、大きな花が咲いて果肉が多いのが特徴。九州はじめ日本各地で生産されている。本書に出てくる南海部（みなみあまべ）郡因尾（いんび）村、井ノ内谷は、現在の佐伯（さいき）市本匠（しほんじょう）のあたりだと思われる。このあたりに流れる番匠（ばんじょう）川は九州屈指の清流として知られており、急峻で屈曲が多い。〔地図㊳〕

植物と心中する男

私は植物の愛人としてこの世に生まれ来たように感じます。あるいは草木の精かも知れんと自分で自分を疑います。ハハハハ。私は飯よりも女よりも好きなものは植物ですが、しかしその好きになった動機というものは実のところそこに何にもありません。つまり生まれながらに好きであったのです。どうも不思議な事には、酒屋であった私の父も母も祖父も祖母もまた私の親族のうちにも誰一人特に草木の嗜好者はありませんでした。私は幼い時からただなんとなしに草木が好きであったのです。私の町（土佐佐川町）の寺子屋、そして間もなく私の町の名教館という学校、それに次いで私の町の小学校へ通う時分よく町の上の山などへ行って植物に親しんだものです。すなわち植物に対してただ他愛もなく、趣味がありました。私は明治七年に入学した小学校が嫌になって半途で退学しました後は、学校という学校へは入学せずにいろいろの学問を独学自修しまして多くの年所を費やしましたが、その間一貫して学んだというよりは遊んだのは植物の学でした。
しかし私はこれで立身しようの、出世しようの、名を揚げようの、名誉を得ようの、というような野心は、今日でもその通り何等抱いていなかった。ただ自然に草木が好きでこれが天稟の性質であったもんですから、一心不乱にそれへそれへと進んでこの学ばかりはどんな事があっても把握して棄てなかったものです。しかし別に師匠というものが無かったから、私は日夕天然の教場で学んだのです。それゆえ断えず山野に出でて実地に植物を採集しかつ観察しましたが、これが今日私の知識の集積なんです。

私が植物の分類の分野に立って断えず植物種類の研究に没頭してそれから離れないのは、こうした経緯から来たものです。烏兎匆々歳月人を待たずで私は今年七十二歳ですが、かく植物が好きなもんですから毎年よく諸方へ旅行しまして、実地の研究を積んであえて別に飽きる事を知りません。すなわちこうする事が私の道楽なんです。およそ六十年間位も何のわき目もふらずにやっております結果、その永い間に植物につきいろいろな「ファクト」をのみ込んではいますが、決して決して成功したなどという大それた考えはした事がありません。何時も書生気分で、まだ足らない足らないとわが知識の未熟で不充分なのを痛切に感じています。それ故われわれは学者で候との大きな顔をするのが大きらいで、私のこの気分は私に接するお方は誰でもそうお感じになるでしょう。少し位知識を持ったとてこれを宇宙の奥深いに比ぶればとても問題にならぬほどの小ささであるから、それは何等鼻にかけて誇るには足りないはずのものなんです。ただ死ぬまで戦々兢々として、一つでも余計に知識の収得に力むればそれでよい訳です。

私は右のような事で一生を終えるでしょう、つまり植物と心中を遂げる訳だ。このように植物が好きですから、私が明治二十六年に大学に招かれて民間から入った後ひどく貧乏した時でも、この植物だけは勇猛にその研究を続けて来ました。その時分はとても給料が少なく生活費、沢山の子供（十三人出来）の教育費などで借金が出来、時々執達吏に見舞われましたが、私は一向に気にせず押えるだけは自由に押えて行けとその傍の机上で植物の記事などを書いていました。こんな事の昔はきょうの物語となったけれども、今だって私の給料は私の生活費には断然不足していますけれど、老軀を提げての私の不断のかせぎによってこれを補い、まず前日のようなミジメナ事はなく辛うじてその間を抜けてはおります。私は経済上余り恵まれぬこんな境遇におりましてもあえて天をも怨みません。また人をもとがめません。これはいわゆる天命で私はこんな因果な生まれであると観念しておる次第です。

　私は来る年も来る年も、左の手では貧乏と戦い右の手では学問と戦いました。その際そんなに貧乏していても、一時もその学問と離れなくまたそう気を腐らかさずに研究を続けておれたのは、植物がとても好きであったからです。気のクシャクシャした時でもこれに対するともう何もかも忘れています。こんな事で私の健康も維持せられ、従って勇気も出たもんですから、その永い難局が切抜けて来られたでしょう。その上私は少しノンキな生まれですから一向平気でとても神経衰弱なんかにはならないのです。私は幼い時から今でも酒と煙草とをのみませんので、従ってそんな物で気をまぎらすなんていう事はありませんでした。ある新聞に私を酒好きのように書いてありましたがそれは全く誤りです。

　前にも申しました通り私も古稀の齢を過ごしはしましたが、今のところ昔の伏波将軍の如く極めて健康で若い時と余り変りはありません。いつか「眼もよい歯もよい足腰達者うんと働ここの御代に」と口吟しました。しかし何といったとて百までは生きないでしょう。植物の大先達伊藤圭介先生は九十九で逝かれた例もあれば、運よく行けば先生位までには漕ぎつけ得るかも知れんとマーそれを楽しみに勉強するサ。今私には二つの大事業が残されていますので、これから先は万難を排してそれに向うて突進し、大いに土佐男子の意気を見せたいと力んでいます。いいふるした語ではあるが、精神一到何事不成とはいつになっても生命ある金言だと信じます。やア、くだらん漫談をお目にかけ恐縮しております。左に拙吟一首。

朝な夕なに草木を友にすればさびしいひまない

私塾人・牧野富太郎の歩み方

梨木香歩

在野の研究者

牧野富太郎と山、というテーマはとても興味深い。

生涯を通じ、大学に籍を置いた時期も決して短くはなかったはずなのに、在野の研究者という彼の印象は強い。それには「たまたま勉強ができ、植物学を選んだ」のではない、もうこれしかないと決まっていた、「生まれながらの植物学者」というイメージも大きく関与しているだろう。

本文中、故郷佐川の山野、とりわけ幼い頃の山遊びに関する思い出を記した文章はその面目躍如たる部分だ。読んでいると行間から四国の照葉樹林帯の豊かさが匂うようである。後年、彼の登山についての記述で特徴的となるのは、そのとき彼がいた山のまさにその地点が、臨場感にあふれるあまり、場面ごと目に浮かぶことであるが、それはこの幼い頃からの観察癖が根幹にあったためだということがわかる。作文家であれば綿綿と続くであろう情景描写が簡潔に、しかもそこを語るに必要不可欠な言葉で端的に述べられている。渓川(たにがわ)があればそれがどの方向からどのように流れているか、丘があればどの方角にどのくらいの規模でそびえているか。そしてそこに生える植物の名が淡々と後に続く。読者は、ああ、これが生えるということは丘の陰地なのだな、あれも生えているということは少し湿り気があるところと少し乾いたところがあるな、広葉樹が多くて冬場は葉を落とし陽が差して明るいな、もしくは高山植物が点在する礫混じりの土だな、等々と肌感覚で感得するのである（一見植物と関係のない「火の玉を見たこと」の文章にしても、それが出た地形を不自然なほど丹念に述懐していく。燐(りん)が燃えるなどということは一言も書いていないが科学的に解析することも可能なエッセイになっている）。辺りは一面ハイマツだった、などと植物の名だけが記されたところでも、低く緑のハイマツだけが山肌を覆い、視界の真ん中から上部にかけて広がる澄み切った青空、という風景が脳内で展開する。なぜならそれが、ハイマツの生き抜く環境だからだ。まるで目の前に山そのものが現れてくるような記述だ。佐川の山野関連の文章では「狐のヘダマ」に出てくる只者ではない下女もまた非常に魅力的だ。「(彼女は) いろいろな草やキノコの名を知っていて、私はたびたびへこまされたものである」としているが、こんな牧野に匹敵するような植物好きの女性が農村に存在していたことを思うと、何というか、勇気づけられる。在野の研究者（牧野）は在野の学者（下女）を知る、ということか。せめて名前くらい思い出して書いておいてほしかった。

自叙伝によると、牧野富太郎は九、十歳の頃地元の寺子屋でイロハを習い、それから伊藤蘭林という師について習字、算術、四書、五経を教わった。さらに領主の家塾であり後に郷校となった名教館に移り、当時としては最先端の地理、天文、物理を教わる。ここまでは彼も、教わることが自分の興味と重なり夢中で師のもとへ通っていたことが窺えるのだが、十二歳の頃、当時新しく発布された学制により小学校に通うことになる。これが彼には合わなかった。すでに高度な学問に接していたにもかかわらず、文字通りイロハのイから習わなければならないことに耐えられなかったのだろう、ここで小学校を退学し、彼の学歴は終わる。退学の後は向学心の赴くまま、高知の私塾へ通ったり、欧米の植物学の知識を得たりして少年ながら旺盛な研究生活を送った。

彼は「(学校が)嫌になって退校した」ことの「理由は今はわからない」としているが、向き不向き、興味の方向性も多様な生徒たちを、一律に同じ型に押し込めるような学校教育を課すことの問題点が、この時代でも既に浮き彫りになっているように思われる。

天衣無縫

牧野富太郎を紹介する文章に、よく「幼い頃に両親を亡くし小学校を中途退学、独学で植物学を修める」というような記述があり、正しいのだがまるで貧困のなか刻苦呻吟して道を極めた偉人のような印象を与えてしまう。だが実家は富裕な造り酒屋で、祖母に大切に育てられた。彼が外国から本や備品などを注文したりできたのも、しっかり者の番頭が経済面をサポートしていてくれたおかげである。ただ植物が好き、深く研究したいの一心で東京大学理学部の植物学教室を訪れ、教授の許しを得、出入りを許される。思えばその教授は彼の博識、植物に対する情熱に眩惑されたのであろう。彼が世界的な評価を得るに従って、教授はその眩惑から目が醒める(醒ましたのは嫉妬の思いであったかも知れないし、教室の知的財産を部外者にいいように利用されているという現実の側面が急に切実に迫ってきたせいかも知れない。両方だったかも知れない）。思うに東京大学の彼に対する態度はこの繰り返しではなかったか。眩惑され、はたと気づき、追い出し工作を仕掛け、また別のものが眩惑され——。祖母にしろ番頭にしろ、富裕だった家が傾き、破産に追い込まれるまで彼に研究資金、生活資金を送り続けている。一番気の毒なのは妻壽衛で、十六歳で彼と結婚し、極貧と格闘しつつ十三人もの子を産み、育児の傍ら牧野の研究を守るため、一人で借金取りとも対峙する（彼は借金取りがいるという印の旗が降りたのを確認してから家に帰る）。生活費と研究資金を捻出するため待合経営にまで乗り出し、苦労の挙句に五十代で亡くなっている（だからといって彼女が不幸だったかどうかは当人以外にはわからないが）。祖母を始めとして、生まれてからこのかた、彼の一途さは周囲の人びとをほとんどすべてを魅了し続けていたのだろう。この道を究めたい情熱、圧倒的な向学心に、ひとは自分のなかにもある何か、純粋なものを見、それを守りたくなる欲求を刺激されるのかもしれない。

実際、この「純粋さ」のもう一つの面である彼のなかの幼児性——といったら語弊があるが――即ち「少年らしさ」は、愉快な気分がある上限に達したときに湧き出でてくるらしい都々逸や俳句にもよく現れている。なかでも本書の「馬糞蕈は美味な食菌」に出てくる大量の俳句は圧巻だ。小学校の男子が「ウンチ」という言葉に喜び踊る様を見るようだ。ここに限らず、読者はこの手の話題になると、彼の筆が嬉々として弾むのを微笑ましく読むことになるだろう。また、地位や名誉や功名心は「何等抱いていなかった」（238ページ）と勢いに任せて公衆の前で言い切るが、「用便の功名」では、大久保三郎氏より自分の方が、六、七年も前にアスナロノヒジキを採ったのだと無邪気に繰り返す。これがまったく嫌らしくなく、ただいわずにおれないという風情なのだ。

もう一度大地震に逢いたい、富士山の大爆発が見たいなど序の口で、火山を半分に縦割りにしてみたいに至っては後先も考えず言いたい放題である。しかしこの稚気が彼の研究の推進力の要であったことは間違いないだろう。「石吊り蜘蛛」では、専門とは畑違いの分野であっても観察ということが彼の生き方そのものであったのだということがわかる。

男女を問わず彼の人生の危機的な状況にはいつも手を差し伸べてくれる人間が

出てくるのも、この滅多にないほど輝かしく魅力的な「少年性」の所為だろう。

私塾人・牧野の真骨頂

「『草木図説』のサワアザミとマアザミ」にあるように、「その図説が載っているサワアザミの図と、そのすぐ次に出ているマアザミの図とは、それが確かに前後入り違っていることはこれまで誰も気のついた人は全くなかった。」「そしてこの図の入り違いは多分偶然に著者がその前後を誤ったものであろう。今かく正してみると、従来植物界で用い来ているサワアザミとマアザミとの和名の置き換えを行なわねばならない結果となる。」浅学の限りでは、これは現在に至るまで「置き換」わっていない。*Cirsium sieboldii* がマアザミということになっているが、この「マアザミ」(と呼ばれているところの植物)は湿地や沢に生い育つ。王様は裸だと言い放つ子どもの目で見れば、明らかにこちらをサワアザミと呼んで然るべきなのではないか。牧野の一途な追求はそこで終わらない。「近江の国伊吹山下の里人」が昔からいつもマアザミを採って食用としているというので、その形状を知りたくてたまらなくなる。はてこの「マアザミ」は果たしてどっちか、ということだろう。新種でもない限り、植物の名というのは昔から呼び習わされているものが本来の名であるべき、という考えからだろう。そこで京都在住の知人に伊吹山の麓まで赴いてもらい、ついにその実物を手にしてその葉の広くて柔らかいことを確認し、「大いに満足してこのうえもなく悦」んだのであった（今に至るまでマアザミとされている方は葉が狭くトゲが多く、食用には不向き、つまりこちらがこのときの牧野いうところの「正しい」サワアザミ）。彼のなかではこれで決着が着いたのかと思いきや、牧野の死後、昭和36年度に初版の出た『牧野　新日本植物図鑑』には、マアザミは消えており、かろうじて「さわあざみ」の項に、サワアザミの別名としてミズアザミ、キセルアザミとともにマアザミも名を連ねている。あれだけサワアザミとマアザミの違いを細かく述べた後なのに、それでいいのか、牧野、と叫びたくなるが、新しい知見が得られれば執着なく自分の昔の説まで翻すひとだということがわかる。この結論に至るまでさぞいろいろな葛藤やドラマがあったことだろう。そしてその「さわあざみ」の項は「日本にはここに掲げたほか約70種のアザミ類（*Cirsium*）があり、相互の関係は複雑である。」と記されて終わっている。奮闘の跡が偲ばれる、かつごまかしのない誠実な書き振りではないか。江戸時代末期に日本の各地で盛んとなり彼自身も通った、私塾の知のスタイルなのだろう。

大学人と呼ばれる類の人びとがいる一方、私塾人と呼びたい人びともいる。多様で、「偏って」いる人びと。けれど、一つの宇宙として完結している。創設者それぞれの個性を存分に発揮させた私塾は、官立では決してない。従来の定説に拘らず、子ども心を失わず、疑問に思ったことをなりふりかまわず追求していく――私塾人・牧野の真骨頂だと思う。それはフィールドにあって、もっとも輝いていたのではないか。

野山を歩む牧野に、同行したかったと思うのは、私だけではあるまい。

………出典一覧………

『山岳（第1年第2号）』日本山岳会（1906年）
『旅（第9巻第7号、通算100号）』新潮社（1932年）
『随筆草木志』南光社（1936年）
『趣味の草木志』啓文社（1938年）
『植物記』桜井書店（1943年）
『続植物記』桜井書店（1944年）
『牧野植物随筆』鎌倉書房（1947年）
『随筆 植物一日一題』東洋書館（1953年）
『草木とともに』ダヴィッド社（1956年）
『植物学九十年』宝文館（1956年）
『牧野植物一家言』北隆館（1956年）
『牧野富太郎選集 第1～5巻』東京美術（1970年）
『牧野富太郎 牧野富太郎自叙伝（人間の記録4）』日本図書センター（1997年）
『植物一日一題』博品社（1998年）
『植物一家言 草と木は天の恵み』小山鐵夫監、北隆館（2000年）
『牧野植物随筆』講談社学術文庫（2002年）
『山の旅 明治・大正篇』近藤信行編、岩波文庫（2003年）
『牧野富太郎自叙伝』講談社学術文庫（2004年）
『花物語 続植物記』ちくま学芸文庫（2010年）

本文は明らかな誤りは訂正し、現代表記・現代かなづかいに改め、読みにくいと思われる漢字は平がなにひらくか、ふりがなをつけ、句読点を整理しています。植物の学名表記については、原文どおりとしています。また、今日では不適切と思われる表現も使用されていますが、作品発表時の時代背景と作品の価値を考慮して、原文どおりとしました。

牧野富太郎　まきの・とみたろう

1862〜1957年。植物学者。高知県高岡郡佐川町の酒造家兼雑貨商に生まれる。幼い頃より自宅近くの山々に遊んで植物に親しみ、ほぼ独学で植物の知識を身につける。1884（明治17）年に東京大学理学部植物学教室へ出入りするようになり、1912（同45）年には同大学講師となる。自費で『植物研究雑誌』を創刊、また『牧野日本植物図鑑』の刊行、その他多くの「植物随筆」を執筆しながら研究と植物知識の普及に努めた。新種や新品種など命名した植物の数は1500種以上にのぼる。1951（昭和26）年に文化功労者、1957（同32）年に没後、文化勲章を受章。植物への情熱と綿密な調査にくわえ、著者の人柄をあらわすような明るいエッセイは今も多くの読者に親しまれている。

ブックデザイン　高柳雅人
イラストレーション　石坂しづか
ＤＴＰ　宇田川由美子
図版協力　千秋社
制作協力　メディアミックス＆ソフトノミックス
編集協力　神保幸恵
編集　綿ゆり（山と溪谷社）

牧野富太郎と、山

二〇二三年三月二〇日　初版第一刷発行

著者　牧野富太郎
発行人　川崎深雪
発行所　株式会社　山と溪谷社
郵便番号　一〇一―〇〇五一
東京都千代田区神田神保町一丁目一〇五番地
https://www.yamakei.co.jp/

■乱丁・落丁、及び内容に関するお問合せ先
山と溪谷社自動応答サービス　電話〇三―六七四四―一九〇〇
受付時間／十一時～十六時（土日、祝日を除く）
メールもご利用ください。
【乱丁・落丁】service@yamakei.co.jp
【内容】info@yamakei.co.jp
■書店・取次様からのご注文先
山と溪谷社受注センター　電話〇四八―四五八―三四五五
ファクス〇四八―四二一―〇五一三
■書店・取次様からのご注文以外のお問合せ先
eigyo@yamakei.co.jp

フォーマット・デザイン　岡本一宣デザイン事務所
印刷・製本　大日本印刷株式会社

Printed in Japan ISBN 978-4-635-04963-4